想象另一种可能

理
想
国
imaginist

我的咖啡生活提案
LE CAFÉ C'EST PAS SORCIER

［法］ 陈春龙、塞巴斯蒂安·拉西纳　著

［法］ 亚尼斯·瓦卢西克斯　绘

陈旻乐　译

北京日报出版社

LE CAFÉ C'EST PAS SORCIER

© Marabout (Hachette Livre), Paris, 2016

Simplified Chinese edition published through Dakai Agency

All Rights Reserved

北京出版外国图书合同登记号：01-2020-3261

地图审图号：GS（2020）2265号

图书在版编目(CIP)数据

我的咖啡生活提案 / (法) 陈春龙, (法) 塞巴斯蒂
安·拉西纳著；(法) 亚尼斯·瓦卢西克斯绘；陈旻乐
译. -- 北京：北京日报出版社, 2020.8（2021.3重印）
ISBN 978-7-5477-3692-0

Ⅰ.①我… Ⅱ.①陈… ②塞… ③亚… ④陈… Ⅲ.
①咖啡 – 基本知识 Ⅳ.①TS273

中国版本图书馆CIP数据核字(2020)第111960号

责任编辑：许庆元

特约编辑：梅心怡

装帧设计：李丹华

内文制作：李丹华

出版发行：北京日报出版社

地　　址：北京市东城区东单三条8-16号东方广场东配楼四层

邮　　编：100005

电　　话：发行部：（010）65255876

　　　　　总编室：（010）65252135

印　　刷：北京利丰雅高长城印刷有限公司

经　　销：各地新华书店

版　　次：2020年8月第1版　2021年3月第3次印刷

开　　本：787毫米 × 1092毫米　1/16

印　　张：12

字　　数：250千字

定　　价：108.00元

如发现印装质量问题，影响阅读，请与印刷厂联系调换

目录

咖啡杂记

你是怎样的咖啡爱好者?

喝下第一杯咖啡,那味道让你皱了眉头,但也仿佛告别了少年时光。
从那时起,或许你就会爱上咖啡,它会成为你日常生活的一部分。
不过,确切地说,关于咖啡,你又了解多少?

一块蘸着咖啡的方糖会令你怎样?

☐ 看到咖啡渐渐浸满方糖时,会流露出孩子特有的
惊叹表情
☐ 热乎乎的糖块于唇齿间弥漫开来,真是种享受
☐ 终于潜入了成人的世界
☐ 恨不得将整杯咖啡一饮而尽
☐ 唐老鸭 *

你每天喝几杯咖啡?

☐ 0 杯:差不多一周才喝一杯
☐ 1—2 杯:无论做什么事,我都能把握分寸
☐ 2—3 杯:我的极限了
☐ 3—4 杯:有时……不过这个"有时"很经常
☐ 多于 5 杯:好吧,我知道了,我会试着少喝点的

你每天什么时候喝第一杯咖啡?

☐ 起床后,冲澡前
☐ 冲完澡后
☐ 早餐时喝一杯奶咖
☐ 一到办公室
☐ 午餐后

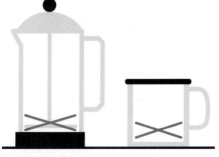

没咖啡了怎么办?

☐ 找到最近的咖啡馆,快速冲过去点杯黑咖啡
☐ 为一杯香浓咖啡,愿意穿过整座城市
☐ 不做行动,却抱怨不止
☐ 完蛋了,会改喝茶,但那可就麻烦了

* 法语里的 canard 一词,通常指"鸭子",亦指蘸着咖啡的方糖,
故此处留下"唐老鸭"的选项是开个玩笑。——译者注。本书
注释若无另外说明,均为译者注。

你觉得自己是：

☐ 有"咖啡瘾"的人：如果不让我喝够咖啡，就什么都干不了

☐ 风雅的人：一旦品尝过高档精品咖啡，以前的一切就都是浮云了

☐ 浪漫主义者：每个清晨都需要一杯好咖啡、一个羊角包和一份报纸，最好还能在露台上看到一缕阳光

☐ 喜欢和同事一起冲咖啡的咖啡机爱好者

☐ 外带咖啡的忠实粉

☐ 咖啡的"无条件支持者"

☐ 间歇性咖啡爱好者：只有在想吃块巧克力时才会喝咖啡

☐ 羞怯的咖啡爱好者：晚餐结束后，总想来一杯低因咖啡

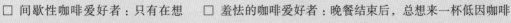

各种口味的咖啡

人们常说"喝杯咖啡",
其实,可供选择的咖啡有十余种之多!
放心,总有一款适合你。

意式浓缩（Espresso）

对于咖啡真爱粉来说,
快速饮下一份（shot）意式浓缩,
真是唇齿留香。

双份意式浓缩

（Double Espresso）

埋头工作的人都知道,
若想一劳永逸,
一份意式浓缩是远远不够的。

拿铁（Latte）

对于有选择困难症的人来说,
这绝对没有任何风险。

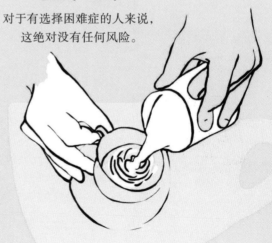

摩卡（Moka）

对于不怎么喜欢咖啡的味道,
但又需要提神的人来说,
这是一个不错且有创意的折中选项。

卡布奇诺（Cappuccino）

对"贪杯"的人来说，
这是一款温柔的咖啡。
不过，要当心你的胡子噢，
心不在焉可是要付出代价的！

玛奇朵（Macchiato）

对于讨厌胡子沾上奶泡的人来说，
这才是一款温柔的咖啡。

冰咖啡（Café Glacé）

对于既钟情于咖啡又喜欢用吸管
的人而言，这真是一款"突破传统"
的饮品。

美式（Americano）

谁说美式是最劣质的咖啡？
其实，它充满简单生活的乐趣。

法布奇诺（星冰乐）
（Frappuccino）

对于爱冰淇淋甚于咖啡的人来说，
这是一杯幸福的咖啡。

世界各地偏好的咖啡

咖啡因口味而异，也因地区而异。
就让我们环游地球一圈，看看各地对咖啡的喜好。

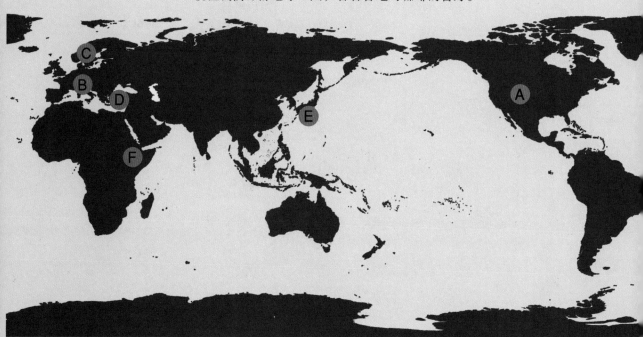

（咖啡偏好分布示意图）

A 美国（和其他英语系国家）

大多数时候会往咖啡里加奶，这就是美国人所谓的"拿铁"，而且他们喜欢外带。在快餐店里，总是能看到"无限续杯的咖啡"。付过钱之后，服务员会往你的马克杯里倒上满满一杯。一般来说，这种咖啡的味道都不怎么样，因为所选用的咖啡豆品种一般，而咖啡壶的作用只是保温。这还真为美式咖啡的"坏名声"做出了卓越贡献！

B 意大利

意大利人偏爱浓缩咖啡，他们总是喜欢站在吧台前将一份"浓咖啡"一饮而尽。上午 11 点左右，是茶歇时间*（意大利语为"colazione"，即上午的小憩时间，通常在早饭与午饭之间），人们会喝一份意式浓缩，同时吃一块点心（圆面包或者其他）。如果在家的话，他们更钟情于意式摩卡。在意大利，没有人喝手冲咖啡。

* 也就是"早午餐"之意。

C 北欧诸国（挪威、瑞典等）

这里是世界最大的咖啡消费市场，而且人们都偏爱手冲咖啡。19世纪时，许多挪威人在家中酿酒。于是，为了扼制庞大的酒精饮料消费，教会选择推广咖啡，因为这是一种安全性更高的饮品。从那时起，在家提炼酒精被明令禁止，而咖啡则开始成为新风尚，并延续至今。

D 土耳其

土耳其咖啡（在希腊被称为"希腊咖啡"）早在16世纪的奥斯曼帝国时期就已出现。当地人用他们的传统器具土耳其咖啡壶（cezve）来煮咖啡，这种壶通常用铜或黄铜制成，有着长长的把手，里面放入如面粉般精细的咖啡粉。曾经，人们还会使用一种不留渣的被称作"ibrik"的直柄咖啡壶（亦称"土耳其壶"）。时至今日，cezve和ibrik已融为一体，成为一个器具。土耳其咖啡可以做成加糖、少糖、微糖或无糖的。还有一种习俗，是喝完咖啡后将咖啡杯在杯碟上倒扣一下，通过杯底残留的咖啡渣解读未来运势。土耳其咖啡代表着某种生活艺术，时光在人们的争论、玩耍和抽水烟中匆匆流走。除了土耳其，在世界其他地方也可以喝到这款咖啡，诸如巴尔干半岛，甚至近东和北非地区。

E 日本

说到日本，人们第一印象通常是盛行茶道的国度（茶叶的生产国和消费国），其实日本人也是咖啡爱好者，早在18世纪就开始推广咖啡文化了。日本人从其他国家购买堪称世界上最昂贵的咖啡。他们喜欢制作手冲咖啡，并且都是行家里手，比如用V60手冲滤杯和负压壶（亦称虹吸壶）。

F 埃塞俄比亚

按照当地的传统，咖啡都是由女性负责制作的。她们会先烘焙咖啡生豆，接着将其捣碎，再将粉末倒入陶制的咖啡壶中，这种壶被当地人称作"jebena"。煮制而成的咖啡会被倒入无耳杯中，同时配一份爆米花。简直就是一场咖啡盛典。

麻烦你，男孩儿！

（Garçon, s'il vous plaît！）

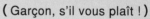

之所以会用"咖啡男孩儿"指代服务生，是因为布罗可布咖啡馆（Procope）。这家创建于17世纪的咖啡馆时至今日依然生意兴隆，之所以名声在外，是因为它是法国历史上最早的咖啡馆之一。当时，经营者的儿子们经常在咖啡馆帮忙，为客人们端咖啡。因着年纪小，他们被称为"小男孩儿"，之后简称为"男孩儿"（garçon），由此有了这种表达方式。

在哪里喝咖啡？

曾经的法国，只在小酒馆里提供咖啡，
后来渐渐出现了有着浓郁文化气息和英美风格的小咖啡馆。

咖啡馆

这里是喝咖啡的绝佳之地。尤其对于年轻且乐于交际的顾客来说，终于找到了除家和公司之外，第三处喝咖啡的地方。在这里，会由专业的咖啡师（barista）为你制作咖啡。你可以在店内享用，再搭配一块英式点心，比如胡萝卜蛋糕或杏仁蛋糕（详见 178—179 页）；也可以用外带杯外带；还可以买上一袋咖啡豆，回家自己冲煮。

小酒吧

小酒吧可是小杯黑咖啡爱好者们的"圣地",坐在吧台前一饮而尽,何其畅快。其实,这里可不仅仅卖咖啡哦!在法国,小酒吧或咖啡馆总开在市中心,或者街区、街道的中心位置。你既可以在那里品一杯红酒,喝一杯白酒或软饮,也可以点一杯咖啡,有时甚至还可以吃午餐、下午茶或晚餐。"咖啡男孩儿"们会将一小杯黑咖啡端上吧台或桌子,可能在室内,也可能在室外。咖啡的价格在各个酒吧会有所不同。

咖啡家族

为了更好地了解咖啡豆，揭开罗布斯塔种的面纱，我们需要一点植物学知识。

咖啡树

全世界 99% 的咖啡都产自两个品种的咖啡树：阿拉比卡种（Arabica，源于"阿拉伯"［Arabe］一词）和刚果种（Canephora，亦称罗布斯塔种［Robusta］）。它们都是咖啡属植物（这个家族有约 70 种咖啡类植物），而咖啡属隶属于一个更庞大的家族——茜草科。利比里亚种（Liberica）和伊克塞尔撒种（Excelsa）也在西非和亚洲种植（通常用于满足当地人的需求），却只占全球咖啡产量的不足 2%。

科	属	种	变种
茜草	咖啡	阿拉比卡	铁比卡
			波旁
		刚果	罗布斯塔

阿拉比卡种 vs 罗布斯塔种

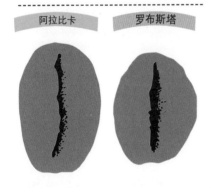

阿拉比卡　　罗布斯塔

	阿拉比卡种咖啡	刚果种咖啡
染色体	44条	22条
海拔	600—2400米	0—700米
温度	15—24℃	24—30℃
授粉	自花授粉	异花授粉
花期	雨后	无规律
成熟期	6—9个月	10—11个月
咖啡因含量	0.6%—1.4%	1.8%—4%

❓ 罗布斯塔种？并不是明智的选择……

罗布斯塔是刚果种最主要的变种，也是市场上常见的品种。它的芳香并不浓郁，唯一的优点是价格低廉且易于种植，咖啡因含量也更多。它是速溶咖啡的主要原料，在意大利或葡萄牙会被混入浓缩咖啡，也是自动贩卖机所售咖啡的主要原料。

▶ 变种、杂交种和突变种

关于咖啡的种类和变种，在本书的 134—135 页有更详细的介绍。

咖啡贸易

咖啡作为原材料，在不同层面上参与着世界贸易。

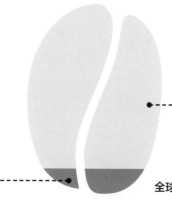

99%
普通贸易市场

1%
精品咖啡市场

全球咖啡产量

精品咖啡市场

精品咖啡约占全球咖啡产量的1%。想要成为精品咖啡，就必须在咖啡测评中达到80分及以上（满分100），其价格不依据市场变化，而是取决于质量好坏和稀有程度。这是一种新兴且完整的贸易模式：种植者依据当时的土壤性质种植不同种类的咖啡树，烘焙师根据不同咖啡豆改进烘焙时长，最后咖啡师依据不同咖啡豆采用最适宜的冲泡方式。尽管比重甚少，但这一市场将咖啡带入一种新的生产和消费方式中：咖啡，作为生活必需品，由具备提神效果的饮品，一跃成为高雅且种类繁多的产品，就像葡萄酒一样。在这里，咖啡是用来品鉴的。

公平贸易

公平贸易认证
（La certification Fairtrade）

它于1988年在荷兰成立，由一个名为"马克斯·哈韦拉尔"（Max Havelaar）的组织发起，其目的是确保咖啡的购买价格对小种植者来说是公平的：当价格过低时，公平贸易会确保其维持在至少能够保证他们生活的水平上；一旦市场价格高于这个担保价，种植者将获得更高的价格，以及每磅0.05英镑的溢价。

普通咖啡市场

这是原材料市场。纽约交易所以阿拉比卡种作为咖啡期货，而伦敦则是罗布斯塔种。其价格依据供求关系和买手们的投机行为（证券、基金投机商）而不断变化，价格通常是以 × 美元／磅（453.59克）来计。因为并不涉及咖啡质量和生产成本，所以咖啡种植者们无法通过产品为自己谋求更好的生活。为了纠正这种偏离，人们创立了"公平贸易"机制，以便让咖啡种植者们拥有一份稳定而体面的收益。

局限性
- 单独农场无法获得认证，需要联合若干家。
- 在超级市场上引入，就必须与大型农场联合认证，以满足市场需求，可它本意是为小生产者服务。
- 这一认证并不确保咖啡质量。

原则
公平贸易围绕以下三个原则进行：
- 底线价格是长期性的（在数量上不设限）
- 环保举措（支持天然，反对转基因）
- 社会扶持（资助生活设施）

咖啡从业者

一杯好咖啡凝结着许多人的劳动！
从生豆到香浓的咖啡，需要经过一个漫长的改变过程。

种植者

咖啡树由农民种植。咖啡种植者就是面朝黄土的人，每当采收季来临，他便采摘咖啡果[*]，剥出生豆，并对其进行处理。

生豆采购者

生豆采购者会前往种植国，与咖啡种植者商谈生豆的购买价格，之后交到烘焙师手中。他要确保将生豆打包运往消费国，而生豆也会在那里得到烘焙。

---

[*] 因咖啡果实形似樱桃，故以"樱桃"（cerise）一词指代。

烘焙师

要想让咖啡豆散发香气，就要在加热的同时不断搅拌生豆。在咖啡豆烘焙工厂里，烘焙师的作用就是对不同生豆采用相应的焙炒方式，使其香气得到最大程度的发挥。时至今日，烘焙师的角色已发生了很大变化，因为越来越多的烘焙师会亲自前往种植国挑选生豆。

咖啡师

作为咖啡制造链上的最后一环，咖啡师可不只是简单的"咖啡男孩儿"。他得精通各种咖啡，用专业精神制作，并按照顾客的要求，将烘焙过的咖啡豆变成一杯香醇饮品。他还会向顾客推荐不同品种和口味的咖啡，以及不同的冲制方法（意式浓缩、手冲……），并协助顾客购买咖啡豆。

咖啡词汇

如果你想走进咖啡的世界，就一定要认识这些词汇！

特级咖啡：因其带来高品质的味觉享受而蜚声咖啡界。若要让特级咖啡豆展现出无尽潜能，就得靠行家来冲泡了！

研磨度：用以测定咖啡粉的精细程度。

拉花：用奶泡在卡布奇诺上画出图案的技艺。

研磨（broyer）：通常用来替代"moudre"一词，表示磨咖啡豆。因为它的变位更简单啊！

咖啡师：懂得将咖啡做得香醇可口的专家。想见到他，那只能……在咖啡馆了！

综合咖啡（blend/mélanges）：由不同品种（不同地区、不同国家……）的咖啡豆混合而成。

烘焙量：一次可烘焙的咖啡量。

烘焙：对咖啡生豆进行加工的过程。法语中的"torréfacteur"一词，既可指烘焙师，又可指用于烘焙生豆的机器。

咖啡果：就是咖啡的果实，通常一枚咖啡果里包含一到两粒咖啡豆。

咖啡机：以下就是用于制作咖啡的各种型号的器具，按冲泡出的咖啡口感从清淡到浓烈依次为——

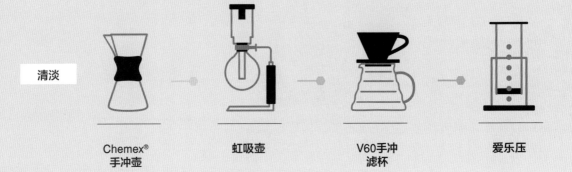

清淡

Chemex® 手冲壶　　虹吸壶　　V60手冲滤杯　　爱乐压

粉碗：意式咖啡机过滤器的另一个称呼。

一份：专用于计量意式浓缩咖啡。人们通常都会一口气喝完一份。

手冲壶（kettle）：这是个英语单词，指"水壶"（法语为bouilloire）。然而，它在咖啡界专指有着长而弯的细壶嘴的手冲壶（即细嘴壶），这可是制作手冲咖啡必不可少的器具。

手冲慢萃法（slow blew）：都是指以非意式浓缩的方式制作咖啡，因为制作意式浓缩需要极大的压力。

压粉锤：咖啡师用来把粉碗中的咖啡粉压实的专用工具。

萃取一杯意式浓缩：这样的表达意为，在制作的过程中，不断调节各种因素，以便成功制作一杯意式浓缩。

所谓咖啡很"干净"（clean），通常指的是它的清澈度。

杯测（cupping）：一种标准测定法，用于测定、品鉴咖啡的质量。

在烘焙过程中，咖啡豆会发出类似爆米花的响声，即爆裂。

刀盘：装在磨豆机里，用来研磨咖啡豆。

咖啡粉：就是磨成粉状的咖啡。

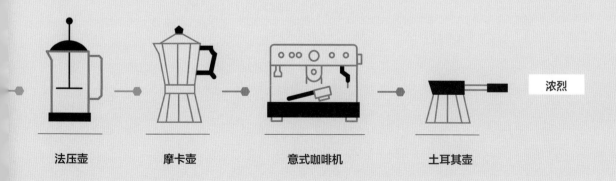

法压壶　　　摩卡壶　　　意式咖啡机　　　土耳其壶　　　浓烈

咖啡有害？

我们总是能听到各种各样关于咖啡的消息，
当然，并不全是正面的……那么，咖啡到底有益还是有害？
下面就让我们一起来看看吧，这些都是以事实为依据的。

咖啡因（caféine）和茶碱（théine）其实是两个近乎相同的分子。只不过是出于语言习惯而叫了不同的名字，以至于现在很多人都以为这是两种截然不同的物质。

咖啡会加速胃酸分泌，从而有助于消化。

咖啡不仅利尿，还会造成轻微腹泻！

喝咖啡要适量！严格意义上来说，咖啡是不会令人上瘾的。但是如果一个人摄入过量（即每天的咖啡因摄入量超过 400 毫克），那可能就需要 3—5 天，才能让突如其来的"断奶期"症状消失，主要表现为易怒、头疼和短暂的疲惫感。

咖啡因只需要 5 分钟便可抵达大脑。其半衰期是 3—5 小时。也就是说 3—5 小时之后，咖啡因的作用就会减半。

研究表明，咖啡或可预防某些疾病，例如，控制帕金森症病情在人体内的蔓延。咖啡因也有助于延缓阿兹海默症患者的身体功能退化。咖啡中所包含的多酚（具有抗氧化的效果）有助于抵御 II 型糖尿病。有 60 多项研究证明，咖啡可以预防多种癌症（膀胱癌、口腔癌、结肠癌、食道癌、子宫癌、脑癌、皮肤癌、肝癌、乳腺癌）。

咖啡会刺激神经！！
咖啡因的确具有刺激作用，会使人兴奋，有助于提神，加快心率，改善认知功能，进而消除疲劳感，缩短反应时间。

虽然咖啡会给牙齿着色，但咖啡因和多酚（或者说各种酚的化合物）能够起到抗菌作用，可以有效抑制龋齿。

如果咖啡因的摄入量过大（超过400毫克／天），或者在睡前喝咖啡，就会出现入睡困难，甚至失眠。咖啡因过量还会引发心悸和焦虑。

咖啡因有助于提高身体机能，尤其是耐力，可以将脂肪转化成能量。因此，直到2004年，咖啡因都被《国际反兴奋剂法》列入违禁品。

手冲咖啡的咖啡因含量比意式浓缩要多。一份意式浓缩的咖啡因含量为47—75毫克，而一杯手冲咖啡则是75—200毫克。

还有什么？

2

制作一杯好咖啡

研磨咖啡

无论你想制作一杯怎样的咖啡，手冲还是意式浓缩，都需要用到咖啡粉。

众所周知，磨豆机的作用就是将烘焙好的咖啡豆研磨成粉。

但很少有人知道，不同的磨豆机磨出的咖啡粉无论在质量还是用途上，都截然不同。

因此，对于心心念念追寻一份完美口感的人来说，磨豆机的选择至关重要。

为什么要投资一台磨豆机？

既然咖啡烘焙师完全可以通过采用不同的方法，让不同的咖啡豆适用于不同的研磨度，那么，拥有一台属于自己的磨豆机似乎就显得不那么重要了。其实，无论你是刚入门的新手，还是对咖啡有着浓厚兴趣的爱好者，都有必要投资一台磨豆机：一名真正的意式浓缩爱好者绝不可能不需要一台磨豆机，一位热衷于手冲咖啡的"喝货"更不可能不需要它。无论对谁来说，磨豆机都是咖啡品质的保证！

研磨度：用以衡量咖啡粉的精细程度。

1
随时喝到新鲜咖啡

研磨好的咖啡粉很难保存。咖啡豆磨成咖啡粉时会产生两种反应：释放出咖啡豆中用于自然保鲜的二氧化碳；同时，通过与空气的接触而加速咖啡中芳香油脂（被称为"cafféol"或"caféone"）或其他芳香成分的氧化。因此，一旦开封，一包用于制作意式浓缩的咖啡豆可以保存几天，而一袋咖啡粉却只能保存几小时。

2
控制咖啡粉的精细程度

咖啡粉的精细程度（即研磨度）是最基本的校准器，精细程度不同的咖啡粉冲泡出的咖啡口感是不同的。意式浓缩的萃取时间和口感的平衡取决于温度和湿度。因此，咖啡师每天都需要调整若干次研磨度。因此，大家也可以更加理解，为什么我们并不建议去购买按照固定研磨度研磨而成的咖啡粉。

不同的制作方法需要不同的咖啡粉

因制作方法不同，所需要的咖啡粉的精细程度也不尽相同。咖啡粉精细与否，会影响其芳香因子的萃取速度。咖啡粉越细，与溶剂——通常是水——所接触的表面积越大，咖啡的可溶性成分溶解得就越快。意式浓缩需要更加精细的咖啡粉，以弥补其冲泡时间的不足（通常不超过 30 秒）；而法压壶，因为有长达 4 分钟的浸泡，更适用于粗一些的咖啡粉，以便减少咖啡的苦味和杯底的沉渣。

不同的制作方法需要怎样的咖啡粉？

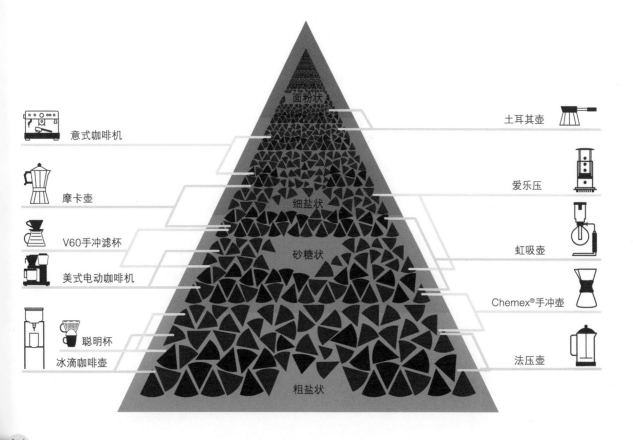

意式咖啡机

摩卡壶

V60手冲滤杯

美式电动咖啡机

聪明杯

冰滴咖啡壶

面粉状

细盐状

砂糖状

粗盐状

土耳其壶

爱乐压

虹吸壶

Chemex®手冲壶

法压壶

为什么针对不同方法设一个校准范围，

而不是针对所有方法设定一个统一的校准点？

因为制作咖啡还涉及其他变量：

- 咖啡豆（品种、密度、烘焙度……）
- 所需剂量（咖啡与水的比例越大，则越需要粗一些的咖啡粉）

- 咖啡的烘焙度（细腻的咖啡粉能够弥补新鲜口感的缺失）
- 天气条件（潮湿的空气需要更粗的咖啡粉）

磨豆机

无论是传统的手动磨豆机，还是现代的电动磨豆机，其机械原理都是一样的：
将咖啡豆放在两个"刀盘"之间进行捣碎和研磨。
两个刀盘一个固定不动，一个不停转动，将它们按不同间距分开，
就可以得到或粗或细的咖啡粉。

几十年前还是家庭必备品，后来突然就只能在旧货店或收藏品店看到了。如今多亏了咖啡爱好者，它又重见天日了。

最初只有大的咖啡连锁店才使用，现在已经遍地都是了。

通常配备在咖啡馆和餐厅里，用于制作意式浓缩。

手动磨豆机	电动磨豆机	意式定量磨豆机
用途：家用或旅行用	用途：家用	用途：专业咖啡馆或家用
粉质：适用于滴滤咖啡	粉质：依据所选择的模式有所区别	粉质：细
·无论是复古还是现代的设计都很精致，刀盘通常是陶瓷的，经久耐用 ·小巧，便于携带，价格低廉，不需要通电即可使用	·小巧 ·便宜	·磨出的咖啡粉足够细 ·能对咖啡粉进行搅拌，防止结块
·比较费力气！ ·磨出的粉质不均匀	·慢	·分量器中磨好的咖啡粉容易变质
价格：€ 滴滤咖啡 浓缩咖啡	价格：€€ 滴滤咖啡 浓缩咖啡	价格：€€€ 滴滤咖啡 浓缩咖啡

专为喜欢定制咖啡粉的顾客设计，可满足每个客人的不同需求。

由德国品牌迈赫迪（Mahlkönig®）首创，依据使用者的要求、设置进行研磨，直接将 1—2 杯咖啡所需粉量出至滤杯中。

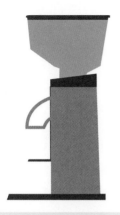

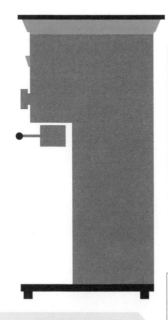

用于调整研磨度的两种装置

1 分级式校准装置：依据装置上不同的级数进行研磨度较准。

2 所谓"持续"校准，即无段式研磨校准。这有助于对研磨度进行更精确的调整。因此，在制作意式浓缩时，它是首选。

那么螺旋式磨豆机呢?

它的工作原理与做饭时用于绞肉和蔬菜的迷你绞馅机是一样的。时间越长，研磨出的粉质越细。售价不高，但无法提供质地均一的粉末。如果想得到一杯平衡感更佳的咖啡，最好不要用这种磨豆机……

不定量意式磨豆机

 用途：专业咖啡馆或家用

 粉质：细而新鲜

 • 新鲜磨制的咖啡粉不会很快变质
• 可以将咖啡豆磨得极细

 • 粉易结块

价格：€€€€

滴滤咖啡　浓缩咖啡

商用磨豆机

 用途：专业咖啡馆

 粉质：不均一

 • 其强大的功能让它可以在极短的时间内对大量咖啡豆进行研磨

 • 研磨度不够精确

价格：€€€€€

滴滤咖啡　浓缩咖啡

不同的刀盘

我们在这里所说的磨豆机指的是配有刀盘的磨豆机（而不是螺旋式磨豆机），
其刀盘也分为两种：平刀和锥刀。

刀盘形状

平刀

磨出的粉质比
较均匀，而且
也不会在粉桶
中留下残粉。

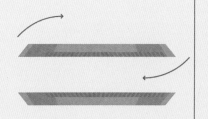

锥刀

通常用于入门级的家用磨豆
机上。然而，一旦安装在
专业磨豆机上，它们的低转
速要么需要一个强有力的马
达，要么需要一个齿轮转动
系统，这就提高了成本。

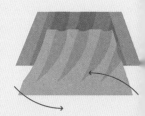

 这种刀盘的磨豆机更适合家用，或那
些销量并不大的咖啡馆使用（咖啡豆
的消耗量少于 3 千克 / 天）。

 锥刀磨豆机更适用于销量大的咖啡馆（咖
啡豆的消耗量大于 3 千克 / 天），满足庞
大客户群的需求，它可以在高强度工作
中保持最好状态。

+ 粉质均匀新鲜。

 刀盘转速更低（约 400 转 / 分），可以有
效防止咖啡粉受热，保持咖啡自身组织
结构的完整性。

− 要求极高的转速（约 1500 转 / 分），
一旦使用强度过大，就容易使咖啡粉
受热结块（油块），使芳香流失。

 会在粉桶中留下大量残粉。因此，一旦
研磨器停止工作几分钟，就会影响分量
器中咖啡粉的新鲜程度。

使用寿命

久而久之，刀刃会渐渐变钝。你需要观察各种指数：研磨时间是不
是变长了；有没有出现由于刀盘发热而产生的油块；咖啡的口感是
不是不如以往好了（意式浓缩表面的咖啡油脂是不是变少了，香味
是不是变淡了……）简单来说，通常咖啡馆每年更换一次刀盘，而
对于个人使用者来说，每 20 年需更换一次。

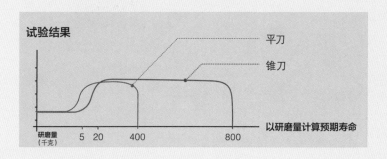

材质

陶瓷

硬度高，易碎，对异物（诸
如有时会混入咖啡豆中的
小石子）敏感度高。

钛合金

最大的好处就是经久耐用
且不易碎。

磨豆机的保养

磨出的咖啡粉积累下来会堵塞机器。
因此要重视对磨豆机各零部件的保养，以免影响咖啡口感。

① 豆仓

如何保养? 海绵＋洗洁精
保养频率? 一旦出现油渍和银皮，就需要取下擦拭。

② 外壳

如何保养? 用蘸有肥皂的海绵轻拭＋用含微纤维的抹布擦去水渍。
保养频率? 每天

④ 研磨室

为什么要保养? 研磨室和刀盘内部都会残留咖啡粉和咖啡油脂，久而久之就会堆积。
如何保养? 将一根管子伸入研磨室，用吸尘器吸。
对于不易清理的地方，还有两种方法：
- 拆下固定刀盘，清理研磨室的核心区域。这种方法十分有效，但也很费力，尽管磨豆机的说明书上会讲明步骤。
- 使用粒状的磨豆机专用清洁锭，将其倒入豆仓，之后正常启动机器。它们会清洁咖啡残粉并吸附残留的油脂。尽管这种清洁锭是专用的、中性的，但清洁完成后研磨出的第一道咖啡粉依然不建议使用。

保养频率? 每磨完 25 千克咖啡豆就需做一次清洁，依据咖啡豆的烘焙度不同而略有变化。

③ 分量器

为什么要保养? 分量器内部会留下残粉。
如何保养? 用专用的小刷子刷去凹槽和缝隙中的残粉。如果要进行深度清洁，最好使用吸尘器。
保养频率? 每天，甚至一天数次。

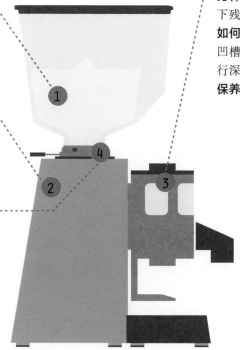

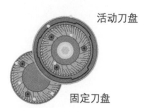

活动刀盘

固定刀盘

解决方法1: 拆下刀盘清洁

解决方法2: 使用清洁锭

关于水

水（H_2O）由两种化学元素氢和氧构成，然而，它几乎不可能以这种纯粹的方式出现。
在流动的过程中，它会携带矿物质和微量元素，而这些化学物质会影响咖啡的口感。
因此，为了制作可口的咖啡，对水的选择也需符合一定标准。

不管用什么方法制作咖啡，水都应该在萃取出咖啡粉芳香
的同时，不玷污咖啡的口感。一杯意式浓缩大约 88% 都
是水，而一杯滴滤咖啡的含水量更是达到 98%。但需要
注意的是，并不是所有水质都适合制作咖啡。

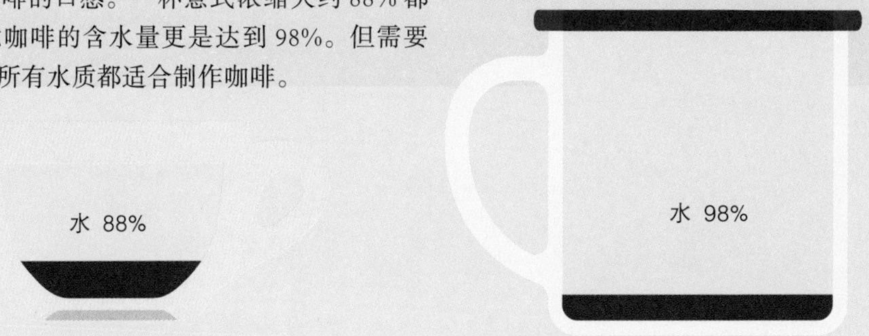

水 88%

水 98%

为了扮演好自己的角色，水应该：

中性无味

每种水都有自己的味道，依据矿物质和微量元素所占的比重，以及氯的含量（主要针对自来水）而
有所不同。对于一杯好咖啡而言，它所需要的水是新鲜的、纯净的，且不夹带异味。

有助于释放咖啡的香气

当水温达到 180℃ 时，就可以通过蒸发作用将水中的矿物质剥离出来。正是这些矿物盐和其他微量
元素，会影响水的口感及其萃取咖啡芳香的程度。根据美国精品咖啡协会（SCAA：Specialty Coffee
Association of America）所做的品鉴测试，总溶解固体应该在 150 毫克／升左右，即水温 180℃，
每升水溶解固体总量为 150 毫克时，才能做出一杯口感平衡的咖啡。

既不能太软，也不能太硬

冲泡咖啡时所使用的水的暂时硬度（KH）格外重要，它应该介于 3—5°dH* 之间。但是，水的永久
硬度应低于暂时硬度，以避免结垢，并确保各种矿物质的平衡，以得到一杯好喝的咖啡。水质过硬，
就会导致意式咖啡机、电动咖啡机和水壶内壁结水垢；水质过软，暂时硬度就会丧失其对 pH 值变
化的缓冲作用，机器可能被腐蚀。

> **简要总结**
> 一旦水质过硬，就会让钙质在机器内结成水垢；一旦水质
> 过软，就会腐蚀机器。这么看来，还是宁愿它结水垢吧。

* 各国会用自己国家的硬度单位来表示水硬度，文中出现的 °dH 就是德国度，表示每升水中含有 10 毫克氧化钙时水的硬度。

化学小课堂

读过上一页，你恐怕会觉得那只能用从岩石缝里冒出的清泉才行啊。

别慌，关于水的硬度和 pH 值，我们还有话要说。

何为水的硬度？

如果用一口锅将水煮沸，那么水的暂时硬度就消失了，锅的内壁上会出现一层白色沉淀物，那就是钙质。在热作用下，钙中的碳酸氢盐和碳酸氢镁沉淀成了碳酸盐。永久硬度在水煮沸之后依然存在，是硫酸钙（石膏）中的硫酸盐和硫酸镁结合而成的。暂时硬度和永久硬度共同构成了总硬度（GH）。居民生活用水的标准通常都按照总硬度制定。

总硬度＝暂时硬度＋永久硬度。水的硬度单位为德国度 °dH。

通常情况下，硫酸钙是能够穿过管道的。因此，它并不会给机器造成困扰，但却会影响水的口感。

总硬度=永久硬度+暂时硬度

硫酸钙在水煮沸之后留了下来。

水煮沸后会在锅内壁留下一层白色沉淀物，那就是钙质。

何为酸碱度（pH）？

pH 值即酸碱度，用于确定水是酸性的、碱性的还是中性的，其数值区间为 1—14：

- 如果 pH < 7：水是酸性的
- 如果 pH > 7：水是碱性的
- 如果 pH = 7：水是中性的

水中的矿物质含量会影响它的 pH 值：矿物质含量越高，pH 值就越高；矿物质含量越低，即水越软，就会越酸。为了防止机器被腐蚀，水的 pH 值最好不低于 6.5。

测测你的水！

水质检测可以帮助你了解自己所使用的水的特点（硬度和酸碱度）。有些意式咖啡机会配有相关组件，帮助你测量水的硬度。

酸性　　中性　　碱性

应该选用哪种水？

如果选对了合适的水来冲泡咖啡，就可以轻而易举地将咖啡的优良品质展现得淋漓尽致。

瓶装水

矿泉水或纯净水既不经济也不环保，但可以让人充分掌握这些水的成分，配合不同种类的咖啡。若想做一杯意式浓缩，就需了解水的硬度和酸碱度；若想做一杯手冲咖啡，基本没有保养机器的问题（除非用电动咖啡机），因而对水的选择在很大程度上取决于想要制作一杯怎样的咖啡。

富维克矿泉水（Volvic®）

- 最理想的制作意式浓缩的水。因为它的硬度和酸碱度都很适中，可以有效预防机器钙化或被腐蚀。
- 对于滴滤咖啡来说，这款水可以提供圆润而均衡的口感。

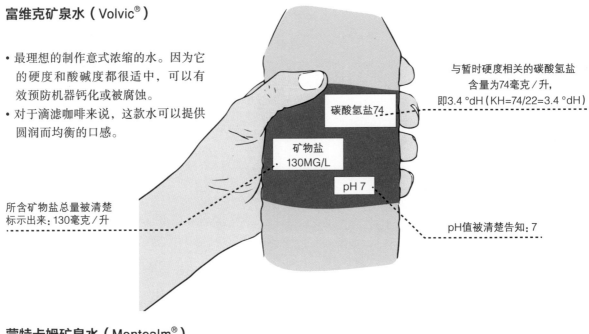

与暂时硬度相关的碳酸氢盐含量为74毫克／升，即3.4 °dH（KH=74/22=3.4 °dH）

碳酸氢盐74

矿物盐 130MG/L

pH 7

所含矿物盐总量被清楚标示出来：130毫克／升

pH值被清楚告知：7

蒙特卡姆矿泉水（Montcalm®）

- 矿物质含量甚少，水质偏酸。
- 用它来做手冲咖啡，会突出咖啡的酸味，口感更顺滑，不像用富维克矿泉水制作出的咖啡略有粗糙感。

不建议用这款水制作意式浓缩

矿泉水 VS 山泉水

对于市场上销售的瓶装水来说，这两个名称是有严格区别的。通常它们都源自某个无须处理的地下水源。矿泉水是包含特殊成分的泉水（通常具有疗养效用）。在一段时间内，矿泉水的成分是稳定的，但是，依据法国的法律，它也并不一定比山泉水包含更多矿物质。

过滤水

除非你生活在一个生活用水无须经过处理的地方，否则就都需要对自来水进行过滤。

如果自来水的暂时硬度为 3—5°dH，
只需一个活性炭过滤器，就可以去除水中所夹杂的异味，比如氯的味道。

水+氯

有氯味

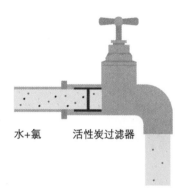

水+氯　　活性炭过滤器

无氯味

一旦自来水的暂时硬度大于 5°dH
就需要用到更加专业的过滤器，即包含树脂离子交换器的过滤器，用以过滤水中的钙质（在有些地区也可能是硫酸钙）。

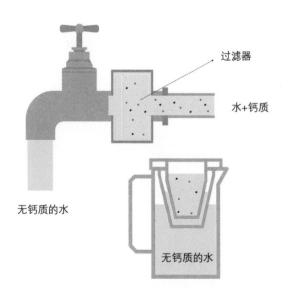

过滤器

水+钙质

无钙质的水

无钙质的水

这款过滤器可以安装在意式咖啡机的水槽中，或是用于过滤的净水杯中。

无论你所使用的是意式咖啡机还是电动咖啡机，都要尽可能确保过滤后的水 pH 值不低于 6.5，否则机器易被腐蚀。

每款咖啡都有属于自己的杯子

你可以用任何容器盛咖啡，无论是在吧台前喝，在餐桌上喝，还是外带。
不过，你也要知道，茶杯、玻璃杯和马克杯都会对咖啡的最终口感起重要作用。

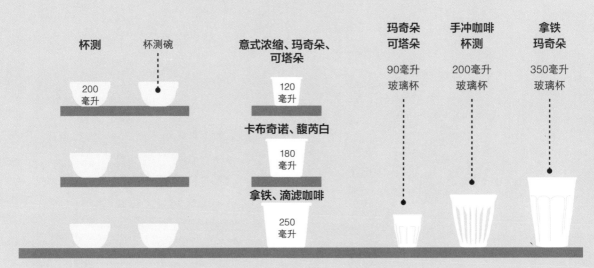

杯测　　　杯测碗

200毫升

意式浓缩、玛奇朵、可塔朵

120毫升

卡布奇诺、馥芮白

180毫升

拿铁、滴滤咖啡

250毫升

玛奇朵
可塔朵

90毫升
玻璃杯

手冲咖啡
杯测

200毫升
玻璃杯

拿铁
玛奇朵

350毫升
玻璃杯

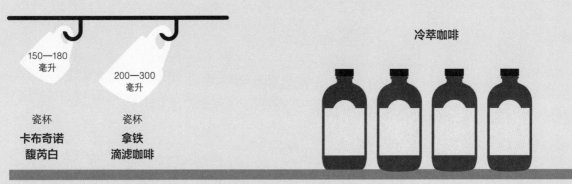

150—180
毫升

200—300
毫升

瓷杯
**卡布奇诺
馥芮白**

瓷杯
**拿铁
滴滤咖啡**

冷萃咖啡

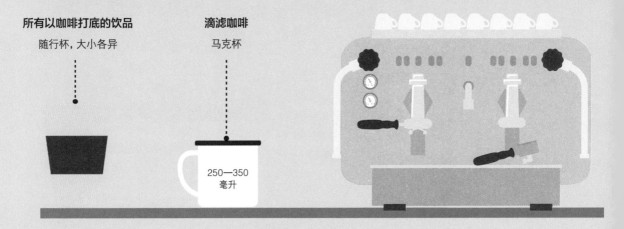

所有以咖啡打底的饮品

随行杯，大小各异

滴滤咖啡

马克杯

250—350
毫升

意式浓缩咖啡杯

如果用来盛装意式浓缩，那么瓷杯是最好的选择。
不过，为了让咖啡的香味得到最大程度的散发，瓷杯应该符合以下几个条件。

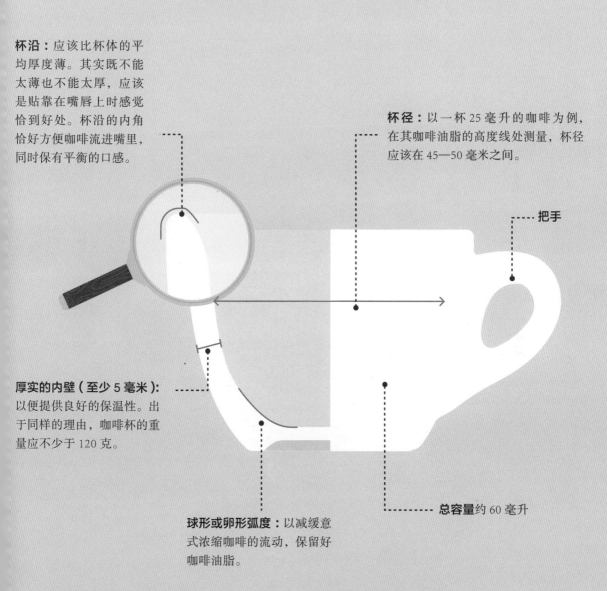

杯沿：应该比杯体的平均厚度薄。其实既不能太薄也不能太厚，应该是贴靠在嘴唇上时感觉恰到好处。杯沿的内角恰好方便咖啡流进嘴里，同时保有平衡的口感。

杯径：以一杯 25 毫升的咖啡为例，在其咖啡油脂的高度线处测量，杯径应该在 45—50 毫米之间。

把手

厚实的内壁（至少 5 毫米）：以便提供良好的保温性。出于同样的理由，咖啡杯的重量应不少于 120 克。

球形或卵形弧度：以减缓意式浓缩咖啡的流动，保留好咖啡油脂。

总容量约 60 毫升

醇厚

甘醇

糖浆状

有咖啡油脂

浓烈

高压冲制（9 巴

强劲

11.5%
的咖啡

浓缩

快速制作

88.5% 的水

一口气喝下

30 毫升

* bar，压强单位，1 巴 ＝ 100 千帕。

意式浓缩

制作意式浓缩的精髓就是用高压萃取出咖啡的芳香。

少而快

一杯意式浓缩的量通常较少（15—60毫升），盛在专用杯子里。与其他咖啡的制作方法不同，制作意式浓缩的过程可谓"活力十足"，需要在极短的时间内（20—30秒），利用高压和热水，萃取出咖啡油脂和其他芳香成分。

小而精

意式浓缩最大的特点就是浮于表面的咖啡油脂，在意大利语中，这层咖啡油脂被称为"crema"，由诸多粉末状的颗粒（被称为"精粉"［fines］）、水、咖啡油脂和二氧化碳构成。意式浓缩的口感是浓烈、强劲、醇厚的。平均来看，一杯意式浓缩的浓度是一杯手冲咖啡的10倍以上。

浓缩咖啡的漫长历史

时下流行的意式浓缩制作方法诞生于 1820 年，
是由一个名叫路易−贝尔纳·拉博（Louis-Bernard Rabaut）的法国人发明的，
之后因意大利人的推崇而广为流传。

1820	1855	1884

利用蒸汽将热水注入经过认真烘焙和精心研磨的咖啡粉里，这是由法国人路易−贝尔纳·拉博首创的。

在巴黎举办的首届万国博览会上，另一个法国人爱德华·卢瓦塞尔·德·圣泰（Edouard Loysel de Santais）展出了他利用流体静力学原理制作出的大咖啡壶，可以在最短时间内分装大量咖啡、茶，甚至啤酒。

在都灵举办的博览会上，一名意大利企业家安杰洛·莫里翁多（Angelo Moriondo）展出了他"可以经济而快速地制作咖啡的蒸汽设备"，夺得了铜牌。尽管那还算不上真正意义上的意式咖啡机，但莫里翁多仍另外生产了几台以供其名下的饭店和家庭式餐馆使用。

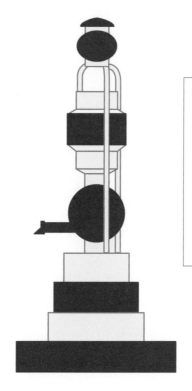

交流好方法

虽然意大利人推崇并确定下意式浓缩的标准，但这款著名饮品的历史其实发端于法国。要知道，还是在 1855 年的巴黎万国博览会上，有 62 个波尔多高档葡萄酒庄被正式确定为"列级庄"，然而，葡萄酒这个东西本身，却是由罗马人带到高卢来的……

关于词语

大咖啡壶（法语为"percolateur"）一词源于英语动词"percolate"*，而这个英语单词又源于拉丁语动词"percolare"，意为"渗透，过滤"。流体静力学（hydrostatique）一词指的是萃取时的压力从水柱的重量中获得能量（1 巴 /10 米）。

* 意为"煮"。

30毫升

意式浓缩究竟是 expresso 还是 espresso？

Expresso 一词源于 "express"，意为 "快速"。除了一些欧洲国家和说法语的国家，人们更多使用的是它的变体 "espresso"，这可能源自意大利语的 "pressione"，意为 "在压力的作用下"。

后来，人们更愿意用 "expresso" 指代一杯 60 毫升左右的咖啡（法国人也称之为 "三分之二杯"），而用 "espresso" 来专指 30 毫升左右的小杯咖啡。出于品鉴意式咖啡的习惯，"espresso" 一词也越来越多地出现在法国人的日常用语中。

1901

路易吉·贝泽拉（Luigi Bezzera）推出了他的 "Tipo Gigante" 咖啡机，与此同时德西代罗·帕沃尼（Desidero Pavoni）也展出了与前者近乎一模一样的 "Ideale" 咖啡机。它们是世界上首批可以制作单人份咖啡的意式咖啡机。

1947

阿希尔·加贾（Achille Gaggia）发明了带操纵杆的意式咖啡机，将压力从 1.5 巴提升到 9 巴，于是得到了之前由于压力不足而无法萃取出的咖啡油脂。

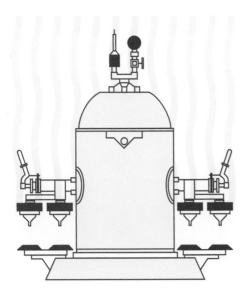

路易吉·贝泽拉的Tipo Gigante

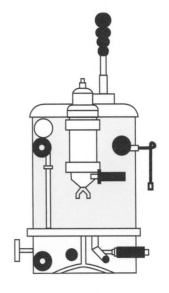

加贾的拉杆式咖啡机

快速制作，迅速喝下

意式浓缩的理念源于节约时间。事实上，路易吉·贝泽拉之所以发明 Tipo Gigante，是为了缩短员工的休息时间！快速设定，快速制作，迅速喝下。通常来说，一杯意式浓缩应该在出杯后的 4 分钟内喝完。

品一杯意式浓缩

评判一杯意式浓缩的好坏，要先闻一闻，再品一品，就像喝红酒时那样。
要充分调动各种感官词汇，表达你所感受到的芳香、汇集于味蕾之上的反应和唇齿间的回甘，记录下来。
那么——预备，开始！

基本准备

温度

温度是体表的第一感觉。因为意式浓缩需要在极短的时间内饮用完毕，所以它最理想的温度应该是在67—73℃之间。

一杯水

在品评意式浓缩之前，有一点很重要，那就是净化口腔（唾液中的蛋白质会影响咖啡芳香的散发，而过于干燥的口腔则会影响咖啡的味道）。因此，要喝点水，清水或苏打水，最好是带一点矿物质的水。这是为了确保味蕾处于中立状态，能够对咖啡做出快速反应。这也是为什么通常在喝意式浓缩之前，侍者会递给你一杯水，而不是在喝完咖啡之后。

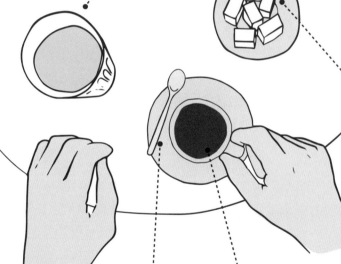

糖，加还是不加？

除了某些特例之外，比如芮斯崔朵（ristretto，即超浓意式咖啡）或土耳其咖啡，在意式浓缩中加入糖块只有一个目的，就是平衡口感，以中和苦味或过多的酸味。

摩卡勺

咖啡油脂饱含咖啡醇，因此在喝第一口的时候会带来并不太好的收敛感。由于舌头被麻痹了，所以接下来的口感更令人喜欢，会觉得更加平衡。如果想喝一杯富含咖啡油脂、平衡且均匀的意式浓缩，最好的方式是用勺子将液体与咖啡油脂搅拌均匀。

咖啡杯

人们可以用任何容器盛装咖啡，可以在吧台前喝，在餐桌上喝，也可以外带。于意式浓缩而言，瓷杯是最好的选择。不过，为了让咖啡的香味得到最大程度的发散，瓷杯应该符合若干条件（详见34页）。

运用感官

咖啡油脂

"咖啡油脂"是意式浓缩唯一可见的表象。它的色泽、厚度和所呈现出的斑点不足以揭示出意式浓缩的品质，却足以让人判断出咖啡的新鲜程度和烘焙度。如果采用了极好的制作方法，但油脂层依然非常（过于）暗淡，且无法完全覆盖咖啡表面，或者不到 4 分钟就消失了，那么可以肯定地说：要么咖啡豆烘焙不足，要么本身不够新鲜。咖啡油脂不代表意式浓缩的全部，但却是成就好咖啡的关键。

清透的咖啡油脂表明这是一杯品质极佳的意式浓缩。

斑斑点点的咖啡油脂，带着漂亮的淡红色光泽，能够很好地掩盖意式浓缩不够平衡的口感。

稀稀拉拉的咖啡油脂则足以让人疑心咖啡豆的质量（烘焙度、新鲜度）。

闻

和红酒一样，意式浓缩也需要闻香。如果一杯意式浓缩散发出坚果香（花生、榛子等）、香料香（茴香、桂皮等）、水果香（莓果、桃子等），还有花香（茉莉、玫瑰等）之类的，就可以给它加分。一旦闻到木头味、烟熏味或者香烟味等，就要考虑给它减分了。

咖啡香

咖啡的干香可以直接用鼻子闻到，而湿香就要通过"回味"系统（即鼻后嗅觉），从口腔经由鼻咽管道，逆向进入鼻腔而识别出来。

鼻子可以闻到的，由挥发性的微小粒子所组成的香味，可以是果香、香料香和花香。然而，咖啡的干香和湿香并不完全一致。随着精品咖啡的盛行，咖啡的香气也被纳入品鉴之列，而"鼻后嗅觉"则足以用于评判标志着不同等级咖啡的复杂香气。

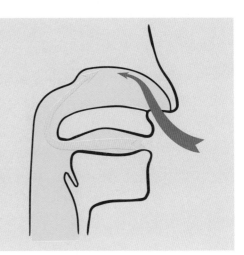

醇度

醇度与咖啡豆的品质、咖啡液的浓稠度有关。黏稠是意式浓缩的重要特征，其浓度通常是手冲咖啡的 10 倍以上。高压让油脂得以乳化，给口腔带来浓厚的风味。你所品尝的意式浓缩可能甘醇、绵密、醇厚、黏稠、黏腻、温润，也可能稀疏、寡淡无味……

通过感官可以评价一杯咖啡的好坏，这些感官始于口腔触觉，经由三叉神经送往大脑。

醇厚的意式浓缩

寡淡的意式浓缩

收敛性

这是一杯意式浓缩可能带来的最不舒适的感觉之一。之所以会这样，是因为咖啡中的苦味和酸味强化了粗糙干涩的口感，让口腔黏膜产生反射性厌倦。

味道

在味蕾可以感受到的因不易挥发的粒子而产生的五种主要味道中，对咖啡起决定作用的是酸味、甜味和苦味。

详细探讨咖啡的风味

这部分将帮助你了解咖啡的不同味道，特别侧重于酸味和苦味。
插图以常用食材说明味道，有助于大家了解我们在此所谈的风味。

苦味

人天生会拒绝苦味，这是从原始时代就遗传下来的，为的是防止自然界的食物中毒，因为绝大多数有毒的食物都是苦的。而咖啡的苦味在很大程度上源于咖啡因，那是一种天然的杀虫剂，还源于葫芦巴碱，这是一种从维生素 B_3 衍生出的生物碱。

葡萄柚

苦苣

酸味

这是一种只要尝了一口就能立刻感觉到的味道。酸味有很多种。不同的人对酸味的感受是不同的，这与个人在品尝时的唾液／酸性混合物有关。

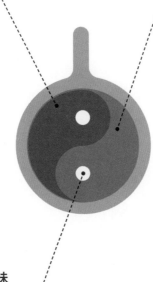

青柠

柠檬酸 存在于高海拔种植的咖啡豆中。它意味着收成新鲜。

怡泉®

奎宁酸 是收敛性口感的罪魁祸首。随着烘焙程度的不断加深，咖啡豆中绿原酸含量不断减少，奎宁酸含量则持续增多。

苹果

苹果酸 金属酸，存在于东非（布隆迪、卢旺达）产的某些咖啡中。它同时也意味着咖啡豆早熟。

可乐

磷酸 与其他酸不同，这是一种无机酸，主要存在于肯尼亚变种 SL28 和 SL34 中。

醋

乙酸 如果过量，就会带来难以忍受的酸味。与奎宁酸一样，咖啡豆的烘焙程度越深，它的含量就会越高。

有咸味？

某些咖啡会带有偏咸的口感，比如季风咖啡（café moussonné，详见 173 页）。

甜味

糖能带来甘甜的味道，可以中和酸味。

一杯口感平衡的意式浓缩是定量精准的，其酸味和苦味很平衡。

在法国，咖啡被视为苦味饮品。随着时间的推移，意式浓缩的苦味不断减少，与之相伴的是酸味的提升，而咖啡中的酸味通常会带来芳香和果味，刺激味蕾，带来新鲜的口感，有助于生津，易于香气的散发，并在口中留下回甘。因此，只要不是酸过了头，总的来说，酸味是给咖啡加分的。和甜味一样，苦味也可以缓冲酸味。苦和酸这两种对抗的味道，有助于平衡意式浓缩的口感，也就是说，口感均衡的意式浓缩是略带酸味的。

品鉴咖啡

"好喝"是个人的主观感受，与个体的文化背景和喜好相关，
也与个体所感受到的愉悦紧密相连。
同样一杯意式浓缩，有人觉得完美无瑕，也有人因为从中品尝不到愉悦而兴味索然。
关于品鉴，不管有多少规则和标准，最基本的都是让人感到愉悦。

口感

品一杯意式浓缩可以分解为三个阶段：前味、中味和后味。每一阶段都会由一种味道主导，比如：前味酸，中味平衡，而后味略苦。一杯理想的意式浓缩，其后味会"经久不散"，或者说"有回甘"，回味中所透出的咖啡芬芳超过了咖啡本来的味道。每款咖啡都有自己的品鉴曲线（上升的、下降的、笔直的……）

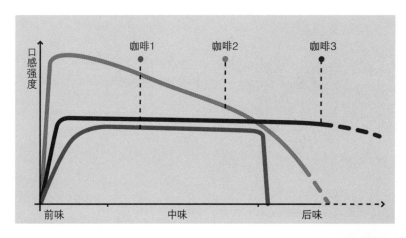

- 咖啡1：口感以渐进的方式增强，之后又骤然下降，代表几乎没有什么回味。

- 咖啡2：前味比较强烈，中味和后味则逐渐减弱。

- 咖啡3：非常"平实"的咖啡，每个阶段口感的差别并不明显。最后会留有悠长的回味，可以持续若干分钟。

咖啡风味

咖啡本身的味道再加上个人品味时不同的感官享受，共同构成了咖啡的风味。这些感觉越是和谐地融合在一起，就意味着这杯意式浓缩的口感越平衡。

 一杯好喝的意式浓缩应该是：

口感馥郁：各种美好的香气和谐融合在一起
干净：表面上没有瑕疵（清透）
温润：一杯让人惬意的咖啡会让人品出甜味，还有怡人的芬芳
甘甜：清甜中略带酸味
醇厚：入口的浓稠度恰到好处
平衡：各种味道融合得完美，口感略带一点酸

一杯难喝的意式浓缩则是：

呛人：发酸的咖啡（甚至一股醋酸味），酸味让人难以忍受
涩：涩嘴的咖啡，口中满是难耐的酸涩
木头味：对于意式浓缩而言，这种气味极糟，散发出木头的气味意味着咖啡生豆保存不当，或者烘焙不当
哈喇味：如果有哈喇味，则意味着咖啡豆不仅烘焙过度，而且没有得到良好的保存或者存放的时间过长
苦：咖啡本就自带苦味，可一旦过了头，苦味也便成了缺点
老豆：咖啡不够新鲜，有哈喇味、木头味，还有黄麻布的气味（见136页）

品鉴实例

种植园名称: 萨尔瓦多拉芬尼庄园 (FINCA LA FANY)

品种: 红波旁

处理方式: 水洗法, 日晒法

烘焙时间: 2016年4月14日

品鉴时间: 2016年4月30日

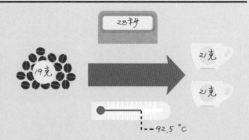

闻

气味佳	✓ 坚果	柑橘
	莓果	蔬菜
	热带水果	花香
	核果	香料香
气味不佳	烟熏味	木头味
	草本味	焦味

记录: 杏仁味

芳香

气味佳	✓ 坚果	柑橘
	✓ 莓果	蔬菜
	热带水果	花香
	核果	香料香
气味不佳	烟熏味	木头味
	草本味	焦味

记录: 黑加仑、榛子

咖啡油脂

颜色 (由浅到深)

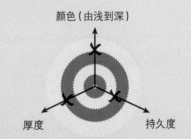

厚度　　　　　持久度

味道

酸味

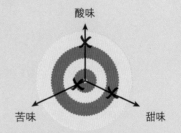

苦味　　　　　甜味

醇度

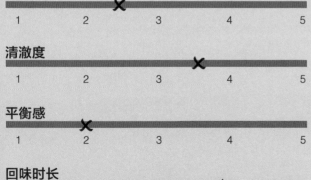

1　　2　　3　　4　　5

清澈度

1　　2　　3　　4　　5

平衡感

1　　2　　3　　4　　5

回味时长

1　　2　　3　　4　　5

综合评价

有活力的意式浓缩。其酸味逶露出新
鲜明快的口感。有咖啡油脂。后味持
久而令人舒心。平衡感略欠一筹。总
的来说, 这是一款不错的意式浓缩,
值得一喝。

意式咖啡机

咖啡机的种类

家用咖啡机

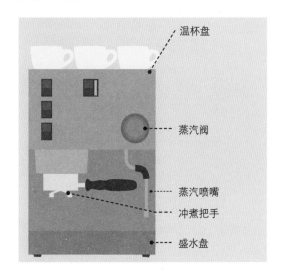

温杯盘

蒸汽阀

蒸汽喷嘴

冲煮把手

盛水盘

振动

家用咖啡机的工作原理是活塞振动，故在制作咖啡时会产生极高的噪音。但它也还是有优点的：价格低廉，体积小巧。因此，尽管这款"咖啡泵"并不安静，却依旧拥有广大市场。

粉碗和冲煮把手

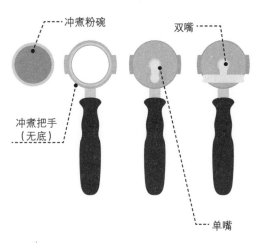

冲煮粉碗

双嘴

冲煮把手
（无底）

单嘴

商用咖啡机

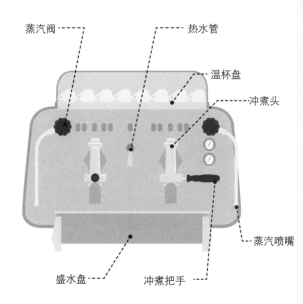

蒸汽阀

热水管

温杯盘

冲煮头

蒸汽喷嘴

盛水盘

冲煮把手

此咖啡油脂非彼咖啡油脂：增压粉碗的诡计

入门级的意式咖啡机是面向大众的，通常都会配有增压粉碗。与普通粉碗不同的是，增压粉碗的底部只有一个小孔。使用这种粉碗的最大好处就是不用另购磨豆机，也不需要多么精细的咖啡粉，仅仅依靠足够的压力就可以冲出完美的咖啡油脂。这种"技术上的诡计"是用人造压力取代了咖啡的真实流速。于是不管研磨度设定得如何，人们都会看到意式浓缩的表面有一层厚厚的泡沫。然而，这样的咖啡在忠实爱好者眼中始终都是差强人意的……

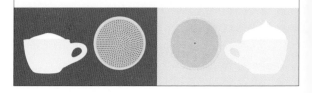

其他机型

使用最广的是喷射式咖啡机。卡洛·埃内斯托·瓦伦特（Carlo Ernesto Valente）于 1961 年为 FAEMA® 公司设计了 E61（E 即 Eclipse，意为"日食"，因为当年恰逢日全食），使之在此后的 40 余年里确立下意式咖啡机的标准。

手压式咖啡机可谓自动咖啡机的鼻祖。至今在意大利南部，还有许多人在使用。

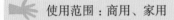

传统意式咖啡机 €€

工作原理：电磁泵在高压下喷射出水，萃取咖啡。

使用范围：商用、家用

➕ 功能较多，咖啡品质佳

➖ 为了得到一杯好咖啡，必须充分了解并掌控萃取过程。

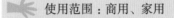

手压式咖啡机 €€

工作原理：利用气泵原理产生压力（类似给自行车打气）；咖啡师通过操纵杆施力于活塞（有些有弹簧，有些没有）。

使用范围：商用、家用

➕ 造型优美，可制作风味独特的芮斯崔朵，静音效果良好（没有电泵），锻炼臂力！

➖ 适用性不强，不适合制作大量意式浓缩。

传统咖啡机和胶囊咖啡机的折中之选，在咖啡豆的选择上也更加自由。

为了让意式浓缩爱好者们能轻松、快速又频繁地喝上咖啡，胶囊咖啡机应运而生，也吸引了诸多餐饮界人士的注意。

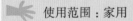

自动咖啡机 €€€

工作原理：内置磨豆机，可以设定不同程序，只需按下相应的按键即可。

使用范围：家用

➕ 使用方便（有些制作方法却写得非常复杂），可直接将咖啡豆做成咖啡。

➖ 咖啡质量有待提高（不够醇厚、香味仍不足……），与传统咖啡机相比，制作出的咖啡口感起伏不定，成本较高。

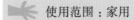

胶囊咖啡机 €

工作原理：将一个已定量的胶囊放入机器中，启动设定好的程序，就可以萃取出一杯咖啡。

使用范围：家用

➕ 操作简单，制作出的咖啡品质稳定，成本低。

➖ 咖啡的选择少，胶囊成本高，做出的咖啡口感一般，除了加水之外完全不需要任何冲煮咖啡的技巧，不环保。

挑选一台合适的咖啡机

市面上的意式咖啡机各式各样，正因为可选择的范围太广了，挑起来才尤为困难。
选一台合适的意式咖啡机，首先要考虑的是你打算每天做多少咖啡。
以此为出发点，选择就会简单许多……

从面包坊到大饭店

意式咖啡机的冲煮把手是安装在冲煮头上的，正是冲煮头连接着锅炉和
冲煮把手。应根据每日的零售量，选择咖啡机的冲煮头数。如果说家用
意式咖啡机通常只配备一个冲煮头，那么商用意式咖啡机最多则可以配
有四个冲煮头，厂商甚至可以依据客户需求定制更多冲煮头。

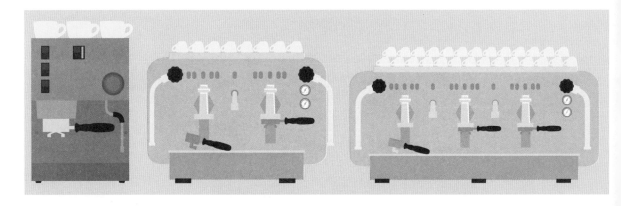

单煮头咖啡机	双煮头咖啡机	三煮头（或以上）咖啡机
<1千克／天（咖啡量）	1—7千克／天	>7千克／天
多用于休息室、小商店和面包坊	多用于咖啡馆和小餐厅	多用于酒吧和大饭店

还是不知如何选择？推荐半自动咖啡机

所谓的"专业"咖啡机，各个组件更可靠，也更为经久耐用，可以承
受高强度且持续不断的运转。21世纪初，越来越多的人渴望拥有一台
便于家用的单煮头专业咖啡机，那时人们通常购买二手机。为了迎合
这种需求，制造者们开发出了半专业的家用咖啡机，也就是我们所说
的半自动咖啡机（"prosumer"一词，由"professional"即"专业的"
和"consumer"即"消费者"两个词合成）。在这些小型家用咖啡机中，
它完美地结合了技术和专业品质。

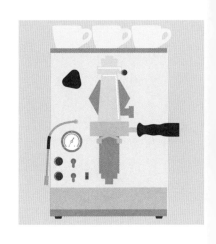

每个人都有适合自己的咖啡机

瓦内萨，拉花控

瓦内萨是名咖啡爱好者，热衷于在家里练习拉花。为此，她专门购置了一台单煮头的半专业（半自动）热交换咖啡机。这样便能得到源源不断的蒸汽，可以在卡布奇诺上练习稍纵即逝的拉花了。

约瑟夫，"产地粉"

约瑟夫喜欢品尝来自世界不同地区、口味各异的咖啡。他的单锅炉单煮头咖啡机，足以让他品味出各产地的美味咖啡之间的微妙差别和馥郁香气。尽管这台机器不具备蒸汽功能，但对他没有任何影响，因为约瑟夫并不喜爱含乳饮品，只在偶尔招待客人时才会用到。

维塔利，伦敦的咖啡师

维塔利在伦敦的一家精品咖啡馆里做咖啡师，需要操纵一台双煮头意式咖啡机。机器需要依据温度进行调整，以确保其稳定和精确，同时还要能提供强有力的蒸汽，以便满足英吉利海峡彼岸的顾客们对含乳饮品的需求。

波利娜和她的同事们

波利娜为办公室购置了一台全自动咖啡机。这款咖啡机使用起来十分便捷，可以在一天之内满足十余人对咖啡的不同需求，每个人都可以依据自己的喜好选择相应的程序。直接倒入咖啡豆，内置的磨豆机会将其研磨成粉，这很环保（因为不用买咖啡胶囊了）。昂贵的价格不是大问题，因为这是公司送给员工的礼物！

伊莎贝尔为她的度假屋添置咖啡机

伊莎贝尔想为自己在乡间的小屋选择一台意式咖啡机，可是她和家人每年都只在那里住上几周而已。最终，她选择了胶囊咖啡机，价格不高，又可以精确地购买一定数量的咖啡（胶囊）。使用方便，制作迅速，完全可以满足度假中的需求。

咖啡机的保养

如果没有一台无懈可击的机器，就难以做出一杯足够香浓可口的咖啡。
接下来的几点建议，帮助你好好清洁咖啡机。

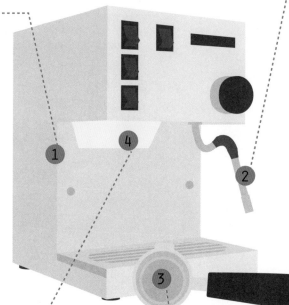

① 外壳

如何清洁？ 用蘸有肥皂水的海绵轻轻擦去表面斑点＋温湿的微纤维抹布擦拭不锈钢＋微纤维干抹布擦拭整个外壳。
频率？ 每天

② 蒸汽喷嘴

为什么要清洁？ 因为牛奶渍会堆积在喷嘴和管子内部。

如何清洁？ 拆下蒸汽管，将其与粉碗和冲煮把手一起浸泡，之后用刷子刷洗蒸汽管。如果管子不可拆卸，或者不易拆卸，就将专用洗涤剂稀释后，将管子插入其中，之后开关蒸汽阀7次。蒸汽会将洗涤剂加热，喷头在开关的过程中渐渐吸满洗涤剂。之后，将洗涤剂换成干净的清水，重复同样的动作，以便进行彻底冲洗。
频率？ 每周

④ 冲煮头

为什么要清洁？ 在萃取的过程中，会在分水网和垫圈处残留咖啡粉。

如何清洁？ 用专门的小刷子：在不安装冲煮把手的前提下启动萃取程序，之后轻刷分水网和垫圈。当心不要烫到手！
频率？ 每天

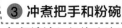

冲煮头，底部剖面图

③ 冲煮把手和粉碗

如何清洁？ 想快速清洁的话，就用蘸着肥皂的海绵即可。如果要进行深层清洁，就要将粉碗和冲煮把手在加入了专业清洁剂的热水中（水温至少达到70℃）浸泡30分钟。
频率？ 快速清洁，每天一到若干次；深层清洁，每周一次。

为配有降压系统的机器特制的回溯清洁（rétro-lavage）

为什么要清洁？ 发明降压系统是为了在萃取咖啡之后方便取下冲煮把手（避免热水四溅）。然而，这样会让部分咖啡渣倒流回冲煮头里，造成堵塞，产生异味。

如何清洁？ 所谓的回溯清洁，需要特制的洗涤剂：将盲碗（无孔粉碗）放进冲煮把手，倒入一定剂量的洗涤剂（3—9克），将冲煮把手安装到冲煮头上，开启冲煮键，连续操作5次（运行5秒，停歇15秒）。取

下冲煮把手，清洗冲煮头，彻底清除附在上面的洗涤剂，再清洗盲碗。之后在没有洗涤剂的情况下，重复之前的操作。清洗之后冲泡出的第一杯咖啡不要喝。
频率？ 家用咖啡机，一周一次；商用咖啡机，每晚打烊时清洁一次。

咖啡机如何工作?

无论什么等级的意式咖啡机,其工作原理都是相同的:
通常用自带锅炉进行电阻加热烧制热水,之后让水在高压下通过泵头注入咖啡粉。

温度92℃+压力9巴=萃取一杯香浓可口的好咖啡

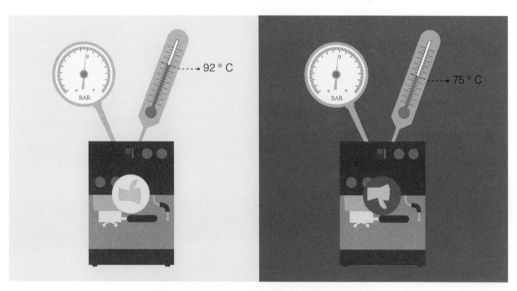

因此最关键的是确保温度为92℃(详见50—51页)

从技术上看,确保压力的稳定是轻而易举的,可是说到温度,那就是另一回事了。不仅保证在制作一杯咖啡时温度始终恒定很困难,让制作下一杯时的温度保持不变也不容易。而温度的变化会带来咖啡口感的变化。

高压 = 好咖啡?

某些意式咖啡机制造商指出,他们能将压力提升至 18 巴,以为这样就可以萃取出上好的咖啡。其实,对于意式浓缩而言,最理想的压力是在 8—10 巴之间;一旦大于 10 巴,就会萃取过度,导致咖啡过苦。通常安装人员在调试专业机器时,都会将压力设定为 9 巴,有些严谨的家用咖啡机还会配有限压器,以防加压过强。因此,可别上"高压"的当噢!

压力到底是什么呢?

压力是作用于物体表面的力。它的单位是 bar ("巴"),即每平方厘米的面积上 1 千克重量所产生的压力。在我们的生活中,压力无处不在:大气压,即由环绕着我们的空气产生的压力(约 1 巴);深海中的压强(每下潜 10 米会增加 1 巴);汽车的胎压(2 巴);家庭饮用水压(3 巴)……

如何维持稳定的温度？

为了将水加热，意式咖啡机通常自带锅炉。

锅炉的容量至关重要，也决定着水温提升的速度。

如果说几乎所有的热量都来源于电阻，

（对于没有稳定且性能良好的电网的国家来说，更多会使用天然气加热的咖啡仪器），

那么要想同时得到热水和蒸汽就可以采用不同的方法。

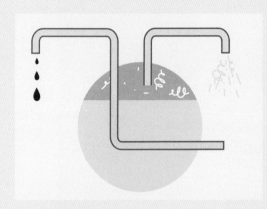

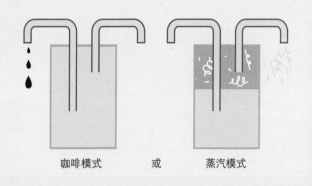

咖啡模式 　　或　　蒸汽模式

热交换器

1961 年，FAEMA® 公司在 E61 上首次安装了热交换器，主要利用了"隔水加热"的原理。一个能容纳若干升水量的锅炉，可以将水加热至 130 ℃，既提供蒸汽，同时又加热了热交换器。所谓热交换器，其实只不过是一根浸入水中的容量极小的管子。它从水槽或水缸中吸取冷水，将其加热到适合冲泡咖啡粉的温度。

单锅炉

这个系统极为简单。锅炉为意式浓缩提供最理想温度即 92 ℃的热水。"蒸汽"模式可以将温度再提升 50 ℃左右，以便打出卡布奇诺所需的厚厚的奶泡。

双锅炉

这是性能最为稳定的技术，由 La Marzocco® 公司于 1970 年投入使用。其主要原理就是，一台锅炉用于冲泡咖啡（即产生热水），另一台用于产生蒸汽。

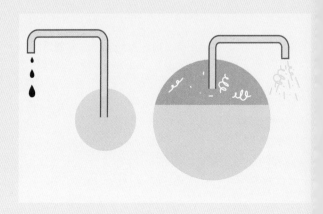

那么，带有热阻管的咖啡机好不好用呢？

所谓热阻管（thermoblock），是一种容量很小的蛇形管，配有电阻，水就在这根热阻管中循环流动，以确保它即时加热。这一方法极大缩短了加热时间：在 2—3 分钟内机器即可进入工作状态，而配有锅炉的咖啡机则通常需要 30 分钟左右。只是，这种机器的加热性能不够稳定，仅用于入门级的家用咖啡机和胶囊咖啡机上。所以，还是不要购买的好！

综合比较

	单锅炉	热交换器	双锅炉
适用范围	家用意式咖啡机	大部分半自动咖啡机和商用咖啡机	商用咖啡机和性能最好的半自动咖啡机
✚	• 如果设计得当，既可大大提高萃取效率，还能够保持稳定的温度。	• 同时具备冲制咖啡和产生蒸汽功能。 • 小容量令水流可不断更新。	• 独立的双锅炉，既可以拥有强劲的蒸汽，又能够保证萃取的温度（几乎是恒定的）。
━	• 制作意式浓缩时无法获得蒸汽。 • 使用蒸汽前需要耐心等几分钟。若接着制作其他口味的咖啡，也需要时间让温度降下来。	• 从冲煮头中流出的水可能与所设定的温度略有差别。 • 萃取温度取决于蒸汽锅炉的温度。	• 价格高，因为很多组件都是双倍数量（锅炉、电阻……）。
注意事项	• 黄铜质地的锅炉要优于铝质的；要想达到最优性能（即最好的热惰性），容量至少要 300 毫升。	• 热交换器容量极小，容易被钙化。	• 与热交换器相比，用于制作咖啡的锅炉中的水更新较慢，但并不会有卫生问题，毕竟现代城市的水质得到了大幅提升，还拥有诸多过滤系统。

数字控温

在美国人戴维·绍默（David Schomer）的推动下，La Marzocco® 公司在 2005 年将这一技术商品化了。绍默是精品咖啡馆的先驱，在西雅图创立了乐特浓咖啡馆（Espresso Vivace）。他和 La Marzocco® 公司都致力于发展意式咖啡机锅炉的电热调节系统（即 PID 控温系统，指的是比例、积分、微分三方面控温）。这项技术可以让热度最为稳定，同时通过数字面板，可以更精确地调节萃取温度。它被广泛应用于各种半自动咖啡机和商用咖啡机中。

咖啡师的动作

下面这些动作，咖啡师每天要重复无数遍。对此，他们已是习以为常。

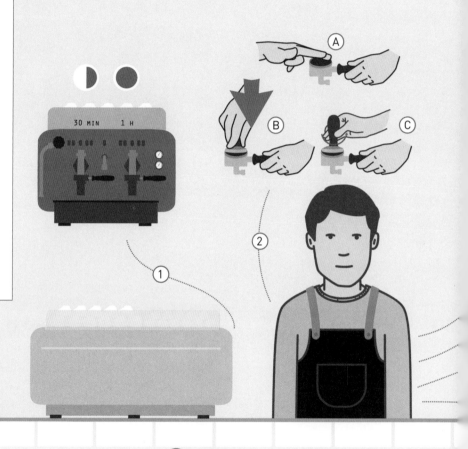

唤醒机器

只有少部分咖啡机具备自动唤醒功能，也就是预设好程序让其按时启动。幸好，现在也有一些小型控制器，只要接上电源，就能让咖啡机在一家人起床前进入工作状态。

如果是商用咖啡机，那么让它的工作灯始终亮着才是最环保的，因为它所需要的预热时间实在太长了。也有一些环保又节能的机器有休眠功能，可让其在夜间时温度有所下降。

① 预热

意式咖啡机的所有组件都必须预热：一台家用咖啡机大约需要 30 分钟进行预热，而商用咖啡机则需要 1 小时。不要相信指示灯！因为它所显示的是水温而非机器的温度。

注意：冲煮把手应该固定在冲煮头上，与机器一同加热。与此同时，咖啡杯也应该放置在温杯盘上。

② 分粉和压粉

Ⓐ 所谓分粉，就是指将刚刚研磨好的咖啡粉放进冲煮把手的粉碗中，当然，粉碗要提前用布擦干净，之后可以用手指或相应工具将咖啡粉抹平，也可以用手轻敲冲煮把手使咖啡粉平整。

Ⓑ 用压粉锤以 15 千克的力度压实咖啡粉，要让粉饼尽可能保持紧实。但也要当心，别压得过紧，防止产生裂痕！

Ⓒ 用粉锤将咖啡粉饼表面打磨光滑。

像咖啡师那样使用定量磨豆机

咖啡师不会将定量咖啡粉盒装满，因为那会导致咖啡粉变质。他们会使用分粉器，开启磨豆机后，不断转动操纵杆，让咖啡粉装满冲煮把手。

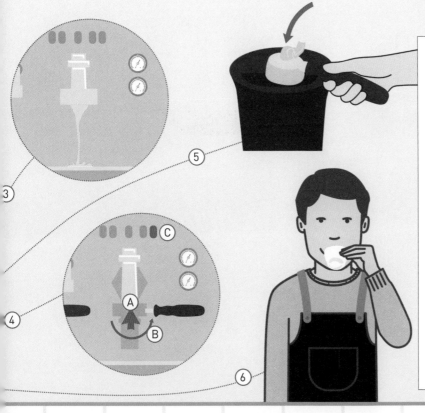

压粉锤

压粉锤是咖啡师的工具，有不同材质的，把手的形状和长度也各异，以满足不同咖啡师的需求。其底部直径应与粉碗契合，作为行业标准，使用最为普遍的是直径为 58 毫米的压粉锤。

③ **冲洗**

在安装冲煮把手前，让水从分水器（即冲煮头的"喷头"）中流出，约 2—3 秒，这将有助于维持装有热交换器的咖啡机在萃取时的温度，也有助于清洁上一次萃取后留在冲煮头中的咖啡粉。

④ **萃取**

一旦冲煮头安装到位，需要立即萃取意式浓缩，以免咖啡粉被烫焦。因此，需要提前检查，确保冲煮头的垫圈和冲煮把手的"耳朵"都是干净的。

⑤ **倒渣**

把萃取过的咖啡粉饼倒进"knock box"，即专门的残渣收集桶，用专用抹布擦去粉碗中的残渣。

⑥ **品尝**

新鲜冲制的意式浓缩请立即喝掉，开启新的一天！

意式浓缩的浓度

浓度、烈度、萃取率，如果你知道它们分别指什么，就不会再混淆这些词。

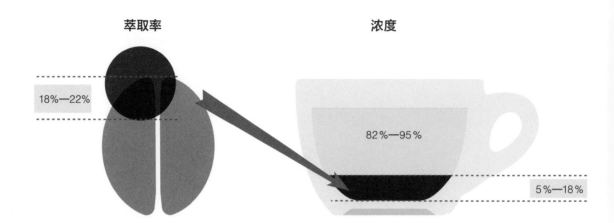

萃取率

浓度

18%—22%

82%—95%

5%—18%

制作一杯咖啡需要萃取咖啡粉中 18%—22% 的可溶解成分。

对咖啡粉的萃取基本上是通过水完成的，萃取出的咖啡成分约占整杯饮品的 5%—18%。

萃取率决定平衡感

以下是两种不令人满意的情况：

萃取不足（即萃取率 <18%）

=一杯淡而酸的意式浓缩

萃取过度（即萃取率 >22%）

=一杯苦涩的，甚至带有收敛口感的咖啡

浓度决定强劲且有张力的口感

TDS 在 5%—8% 之间

=一杯长萃咖啡，即被稀释了的浓缩咖啡

TDS 在 8%—12% 之间

=一杯经典/标准的浓缩咖啡

TDS 在 12%—18% 之间

=一杯芮斯崔朵，即超浓咖啡

TDS

TDS 即溶解性固体总量（Total Dissolved Solids），指的是溶入液体的固体总量。一旦你开始对咖啡感兴趣，并试着从技术角度对它进行了解，就会经常见到这个词。

意式浓缩的种类

这个世界上不只有经典款的浓缩咖啡，还有高浓度的、长萃的，
更有因为地区差异而采用不同制作方法冲泡的，当然，还有因个人口味而迥异的意式浓缩。

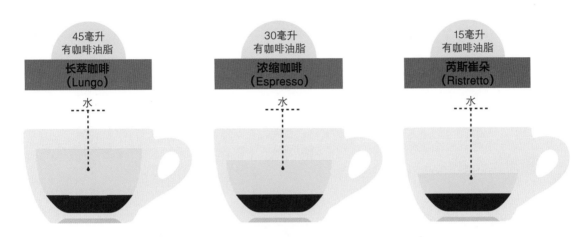

45毫升 有咖啡油脂	30毫升 有咖啡油脂	15毫升 有咖啡油脂
长萃咖啡 （Lungo）	浓缩咖啡 （Espresso）	芮斯崔朵 （Ristretto）

浓缩咖啡越是浓度高（即水量越少），其口感就越强劲、醇厚。

长黑咖啡
（Long Black）

美式咖啡
（Americano）

长黑咖啡

对于那些偏爱比长萃咖啡更清淡，但又不过度萃取的浓缩咖啡的人而言，一杯长黑咖啡会是不错的选择。这款咖啡源自澳大利亚和新西兰。制作时需要提前装好满满一杯热水，再倒入意式浓缩。这样，咖啡能被更好地稀释，同时保持平衡的口感，并保留咖啡油脂。

美式咖啡

美式是一种更淡的意式浓缩，它是在萃取后加入很多水。因为溶解了咖啡油脂，所以口感会比长黑咖啡还要淡。"二战"之后驻扎在意大利的美军赋予了这款咖啡以名称，因为他们更习惯喝加了更多热水的浓缩咖啡。

一杯特制的意式浓缩

萃取一杯意式浓缩是一回事，对它进行改良，使口感更为精妙则是另一回事。
这既需要相关的专业知识，又需要一定的经验，二者同样重要！
人们调节各因素，并不断校准，才能制作出一杯成功的意式浓缩。

理论

阿希尔·加贾——带操纵杆的意式咖啡机的发明者——于 1947 年确立了浓缩咖啡的制作标准。时至今日，只有咖啡粉量从原本的单杯 7 克有所提升，其他指标都与 70 年前相同！

实操

如果使用的是传统意式咖啡机，需要校准影响萃取的诸因素，通常使用的是双份粉碗（即能做出双份意式浓缩的粉碗），如使用单份粉碗，则要将咖啡粉量减半，而萃取量和萃取时长不改变。只是，用单嘴冲煮把手制作出的意式浓缩，会不如双嘴制作出的好喝，因为咖啡机的冲煮头通常都是按照双份的量设计的。

影响咖啡风味的五大因素：

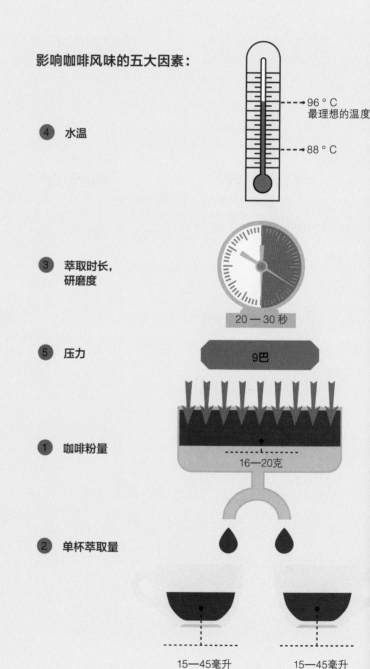

④ 水温

96°C
最理想的温度

88°C

③ 萃取时长，研磨度

20 — 30 秒

⑤ 压力

9巴

① 咖啡粉量

16—20克

② 单杯萃取量

15—45毫升　　15—45毫升

8—10克

15—45毫升

① 咖啡粉量

咖啡粉量会影响咖啡的醇度，决定其口感是否强烈。粉量过少会令意式浓缩淡而无味。阿希尔·加贾所规定的咖啡粉量是双份粉碗共 14 克咖啡粉，后来被提高到 18 克，现在则普遍是 16—20 克，主要依据咖啡豆的品种（变种、产地、烘焙度、新鲜程度）和萃取量而定。

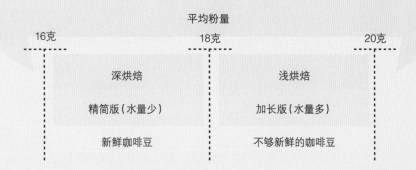

平均粉量

16克	18克	20克
深烘焙	浅烘焙	
精简版（水量少）	加长版（水量多）	
新鲜咖啡豆	不够新鲜的咖啡豆	

精确到小数点后一位！

意式浓缩的制作方法是最不宽容的，因此，对咖啡粉的定量要精确到小数点后一位！定量勺所定的量（7 克）还不够精确，因为它没有考虑到研磨度及不同咖啡豆的密度。使用电子秤来称量咖啡粉就可以避免上述误差。如果你使用的磨豆机未配备能定时的分量器，也是有办法设置出相应粉量的，但首先需要调好研磨度。

---

② 萃取量

因为咖啡油脂的厚度是不断变化的，所以难以精确测量出咖啡的体积。这也就是为什么要引入通过质量计算容量的概念（含咖啡油脂的情况下 1 克 ≈1.5 毫升）。

一个精确到小数点后一位的电子秤就够用了

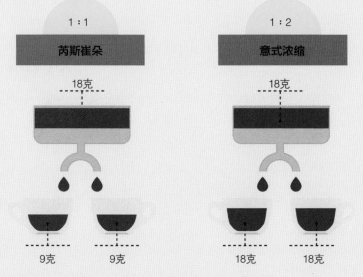

1:1	1:2	1:3
芮斯崔朵	意式浓缩	长萃咖啡
18克	18克	18克
9克　9克	18克　18克	27克　27克

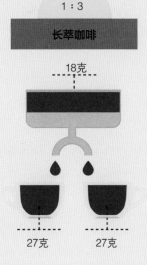

无论是哪种口味的浓缩咖啡，杯中咖啡液的质量都与咖啡粉量存在一定比率。

③ 研磨度和萃取时长

为了得到一杯口感平衡的意式浓缩，咖啡的萃取时长应控制在 20—30 秒。从
按下萃取键开始计时，约 5—10 秒后，咖啡会从冲煮把手中流出。

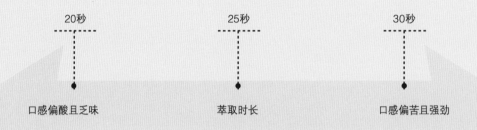

20秒	25秒	30秒
口感偏酸且乏味	萃取时长	口感偏苦且强劲

咖啡液的流速取决于：

咖啡粉的精细程度（研磨度）：

可通过磨豆机来调节

咖啡粉的重量（咖啡粉量）：

可使用电子秤称量

研磨度引发的问题及解决方法：

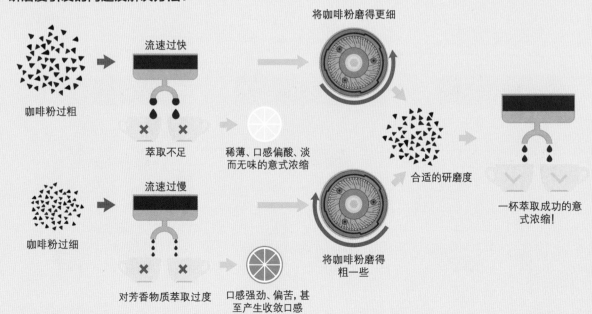

将咖啡粉磨得更细

咖啡粉过粗

流速过快

萃取不足

稀薄、口感偏酸、淡
而无味的意式浓缩

合适的研磨度

一杯萃取成功的意
式浓缩！

咖啡粉过细

流速过慢

将咖啡粉磨得
粗一些

对芳香物质萃取过度

口感强劲、偏苦，甚
至产生收敛口感

❹ 水温

水温的变化会影响萃取率及酸味和苦味的平衡。适宜的水温取决于以下几个变化因素：

- **咖啡豆的烘焙度**：如果是浅烘焙的咖啡豆，高温可以轻而易举地萃取出其中的芳香物质并抑制酸味；对于深烘焙的咖啡豆来说，略低的温度可以抑制其苦味。
- **咖啡豆的密度**：密度高的品种，如波旁种，将比身为巨型豆的帕卡马拉种更能耐受高温，后者更易被烫焦。
- **咖啡粉量**：萃取时水温的下降速度与咖啡粉量成正比。
- **水量**：流经咖啡粉的水量越多，则咖啡粉被烫焦的可能性越大。

> ### 恒定的温度
> 一台不稳定的咖啡机无法连续冲泡出若干杯相同的意式浓缩。这一在 20 世纪 90 年代让人极为在意的事，如今已渐渐不那么受重视。只是，水温始终是影响咖啡口感的基本要素，就算是最业余的咖啡品鉴者，也能品尝出萃取温度相差不足 1℃时，两杯意式浓缩之间的差别。

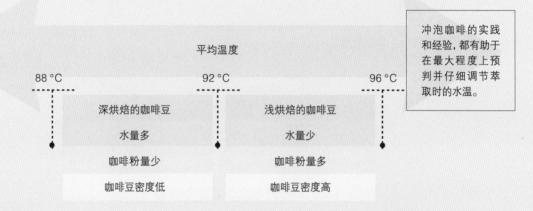

平均温度

88 ℃	92 ℃	96 ℃
深烘焙的咖啡豆	浅烘焙的咖啡豆	
水量多	水量少	
咖啡粉量少	咖啡粉量多	
咖啡豆密度低	咖啡豆密度高	

> 冲泡咖啡的实践和经验，都有助于在最大程度上预判并仔细调节萃取时的水温。

咖啡师的秘诀

源于实践的秘诀

- 包装袋上若无说明文字，就意味着咖啡豆品质一般。
- 逐一调整各项制作因素，以更准确地评估每个因素单独改变时对口味的影响。
- 记录每次的品鉴结果。最终交由味蕾判断一杯咖啡是否平衡！

学会读懂咖啡渣

咖啡粉饼被倒掉之后会在粉碗中留下残渣，它们能够反映萃取率，印证决定咖啡最终口感的其他诸种因素。

回顾一下主要因素

25秒

18克 → 18克 / 18克

92℃

萃取不足　萃取均衡　萃取过度

最后一招

如果你已经调整过所有因素，可得到的依然是一杯酸咖啡，那就要使出最后的杀手锏，这适用于所有意式咖啡机（包括全自动咖啡机、胶囊机等）：不要喝从咖啡机中流出的最初几滴咖啡。这将有助于各种味道的再平衡。

意式浓缩图谱

这个图谱有助于大家更直观地了解各大因素对萃取率、浓度和咖啡的最终口感所造成的影响。

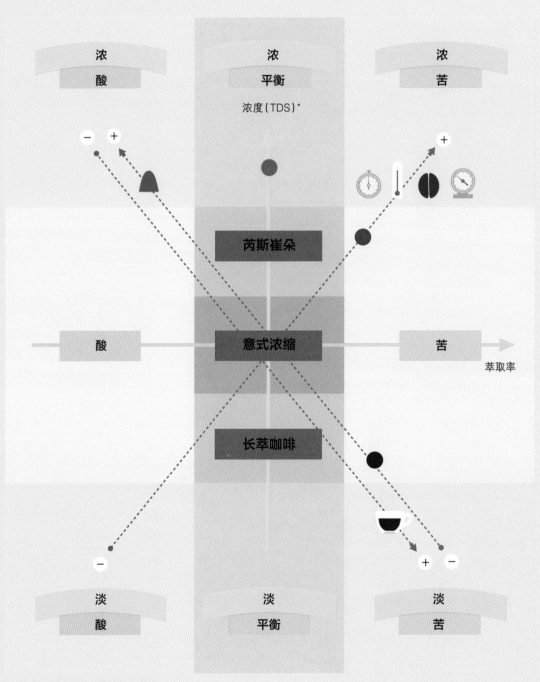

* TDS：即溶解性固体总量，参见 54 页。

如何读懂这张图?

- **横轴**表示萃取率,正是它影响着咖啡酸味 / 苦味的平衡。
- **纵轴**表示浓度:由下至上,由淡到浓。
- **对角线**表示各种因素。

咖啡粉量

水量

萃取时长(研磨度)

水温

烘焙度

萃取时的压力

由此可以看出,咖啡粉量的增加会使 TDS 提升,同时萃取率降低。与之相反,若想得到一杯"加长版"的意式浓缩,就需要增加水量,咖啡口感更淡(TDS 更低),也会更苦(因为萃取率提高了)。咖啡师可以通过调节其他因素来提升咖啡的苦味和浓度。

平衡的区域主要围绕纵轴展开。一杯浓度绝佳的意式浓缩,应该在芮斯崔朵、意式浓缩和长萃咖啡之间。一杯调制得不好的咖啡,口感会落在这个区域之外,也就是另外八个区域里的任意一个,关于这八个区域的特点,图上已有详尽的说明。因此,咖啡师需要不断调整诸因素,使之重新回到平衡区域。

举例说明

这些例子在图中用了不同颜色的圆点进行标示。找出并调整有问题的因素,就可以使坐标轴上的相应点移至中心位置。

一杯各因素没有得到良好控制的咖啡

解决方法:
缩短萃取时长,使咖啡回到意式浓缩的区域中。并且 / 或者减少水量,让咖啡回到芮斯崔朵的区域中,前提是如果你想要喝一杯口感更浓的咖啡。

一杯淡而苦的咖啡:法式咖啡

解决方法:
减少水量(让咖啡更"短")+增加咖啡粉量。这样就可以回归到图谱正中意式浓缩的区域。

一杯口感平衡却浓度过大的咖啡,萃取率是合适的

解决方法:
增加水量+缩短萃取时间,以便保持萃取率,从而回到芮斯崔朵的区域。如果调节水准够高,甚至还能回到意式浓缩的区域。

不好喝！这是为什么呢？

"几个月来，我一直想在家里制作出一杯可口的意式浓缩。
我已经尝试了所有方法：换过不同的咖啡机、咖啡豆和水，可依然徒劳无功。
自己做的咖啡远远比不上我常去的那家咖啡馆里的小杯黑咖啡……"
大家也会有这样的困扰吧？一杯糟糕的意式浓缩才不是命中注定，
在此，我们就要分析原因，找出对策。

一个外行很难用各种词汇来描述一杯糟糕的咖啡，但会确凿无疑地说："很难喝！"一杯难喝的意式浓缩是稀稀拉拉的，要么过苦，要么过酸，甚至涩嘴，根本没有或是少有香味，更别提后味了……咖啡这种产品本就无法容忍中间口感，要么好，要么坏，更何况还是一杯意式浓缩。在高压作用下，热水流经咖啡粉，正是这种"粗暴"的方法可以瞬间萃取出咖啡的精华，让其芳香愈发浓烈……当然，也会让它的缺点暴露得更加明显。事实上，每个细节处理不好都会影响整杯咖啡的口感。

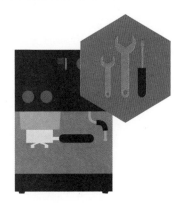

一台性能不够理想、没有被保养、调节不当或是不合格的咖啡机

尽管意式咖啡机越来越普及，但它们的品质依旧参差不齐，而且咖啡机的保养也是必不可少的。尤其要注意咖啡机的内部组件不能附着咖啡油脂，还要防止其管道系统的钙化。

（参见48页，了解如何保养你的咖啡机）

冰凉的或不合适的咖啡杯

容器的影响总是被人们忽视。就像葡萄酒或是其他酒精饮品一样，容器的形状、大小、温度和材质也会很大程度上影响咖啡的口感和芳香。

（参见33页，学习选择合适的咖啡杯）

没有磨豆机

一袋咖啡豆开封后，能在若干天内保证不变质，但磨好的咖啡粉在几分钟之内就会香消殆尽。一旦咖啡粉接触到空气，就会加速被氧化，无法做出一杯好咖啡。咖啡磨具，更准确地说就是磨豆机，即带刀盘的机器，与意式咖啡机缺一不可。有了它就可以确保咖啡粉新鲜、精细而完美，能更理想地制作出意式浓缩。

（参见24页，选择一台合适的磨豆机）

一台没有被保养或是不合格的磨豆机

不断地研磨咖啡豆会让刀盘和磨豆盒内积攒咖啡油脂（咖啡醇）。长期不清理的话，散发出的哈喇味会影响新鲜的咖啡粉，刀盘也会有所磨损。因此就像保养意式咖啡机那样，磨豆机也须定期进行保养。

（参见27页，学习如何保养磨豆机）

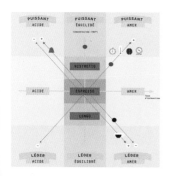

没有把控好萃取的其他因素

咖啡的高压萃取是最先进的，需要各因素尽可能准确且控制得恰到好处。咖啡师须用其高超的技艺进行最完美的校准，以便最好地诠释一杯意式浓缩。这需要经验，再加上若干次失败的教训，才能最终掌控各个因素。

（参见56—61页，学习定制一杯属于你的咖啡）

烘焙不当

烘焙是对咖啡生豆进行高温焙烤。一旦烘焙程度不够，制作出的意式浓缩就会口感乏味且偏酸；如若烘焙过度，制作的咖啡就会偏苦。

（参见108页，了解烘焙的重要性）

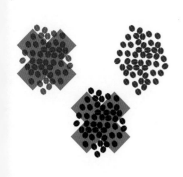

糟糕的咖啡豆

没有用心种植的咖啡豆，或者在品质不佳的土壤上种出的咖啡豆，都不可能制作出一杯风味绝佳的咖啡，最多不过是口感平衡，无法奢求更多。为了一杯好咖啡，要学会挑选咖啡豆，必要时向行家请教。

（参见114页，如何挑选单品咖啡）

咖啡不够新鲜或过于新鲜！

一旦经过烘焙，在不开封的前提下，咖啡豆可以保存数月之久。超过保质期，就会产生哈喇味。刚刚烘焙好的咖啡豆也不宜使用，烘焙过程中产生的二氧化碳会在萃取过程中产生大量可见气泡。因此，烘焙过后至少需要放上一周，让咖啡豆排气，这样才能确保咖啡可口，而没有一丝金属味。

（参见118—119页，学习如何保存咖啡）

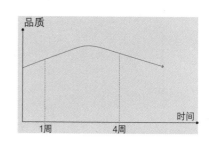

牛奶、咖啡及拉花艺术

牛奶与咖啡的温柔结合能带来别样的风味，无论对味觉还是视觉，都是一种享受。

打奶泡

若想做出一杯含乳咖啡，就要将牛奶打成奶泡，主要使用意式咖啡机自带的蒸汽管，在加热的同时，将牛奶与空气充分混合均匀。这样就可以得到绵密柔滑的慕斯状奶泡，泡沫细密到肉眼不可见。

全脂牛奶或生牛乳含有3.5%的脂肪，适于制作奶泡。脱脂或半脱脂奶无法打出足够绵密的奶泡。

使用不锈钢杯，因其导热性佳：

- 300毫升的不锈钢杯=1杯卡布奇诺
- 600毫升的不锈钢杯=2杯卡布奇诺

制作方法

1 无论不锈钢杯的容量如何，先倒入半杯牛奶（至杯嘴下方1厘米处）。

2 将蒸汽管拉离垂直位置，使之略为倾斜，令蒸汽管喷洗两下。

3 将蒸汽管沿杯嘴插入。喷嘴应伸至牛奶表面以下，介于杯子中心与边沿之间（即不锈钢杯直径的1/4处）。一只手抓住杯柄，另一只手放在杯底，一方面确保奶杯固定不动，另一方面感受不断上升的温度。

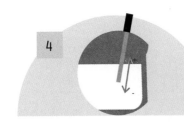

4 **第一步：**启动蒸汽，让牛奶与空气充分混合。此时会有标志性的嘶鸣声。牛奶体积不断膨胀。

第二步：轻轻将蒸汽管向下插得略深些，以降低嘶鸣声。在这一步中，通过急速旋转，乳液变得更为均匀，牛奶也被加热到60—65℃。一旦感觉到烫手，就马上拿开。

5 把奶杯放在吧台上轻敲，以便清除可能存在的气泡，之后充分转动奶杯，从而让牛奶表面变得光亮，直至映出光泽。此时的奶泡看起来就像是液体状的鲜奶油。

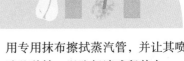

6 用专用抹布擦拭蒸汽管，并让其喷洗几秒钟，以防奶渍残留其中。

小提示（SAV）

奶泡过厚？那是因为在第一步时混合进的空气太多了。奶泡不足，看起来就像热牛奶一样？那是因为充满嘶鸣声的第一步持续时间不够长。

倒入牛奶的技巧

将打好的牛奶倒入已经萃取出的意式浓缩中时，需要一点独特的技巧：牛奶应该穿透咖啡直至杯底，品尝时第一口喝到的依然是咖啡。

将咖啡杯略微倾斜，将不锈钢杯置于咖啡杯上方 5—10 厘米处，向咖啡中心注入牛奶。打发得当的牛奶应该足以穿透整杯咖啡，而不是仅仅浮于表面。

倒入 2/3 的牛奶后，将咖啡杯逐渐直立起来，不锈钢杯依然保持倾斜，但其位置应快速降低，以便将剩余的牛奶倒在咖啡表面。

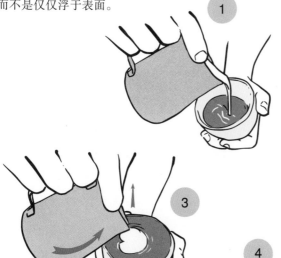

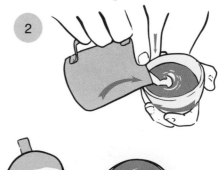

继续倒入牛奶，直至其在咖啡中心形成一个白点。此时可收起不锈钢杯，不再注入。

一杯成功的卡布奇诺应该在杯中留有咖啡的"黄金圈"，以便让人第一口品尝到的还是咖啡。如果牛奶圈过小，那是因为放低拉花杯的时间过晚；反之，则是因为放低拉花杯的时间过早。

一份完美的奶泡

可以用勺子背面测量奶泡是否足量：奶泡的厚度至少应有 1 厘米，其质地应富有弹性且足够稠腻。

心形拉花

这是卡布奇诺的经典拉花图案，非常简单易学。

用前文所述的经典方法倒入牛奶，同时伴随着手腕的轻微旋转，不断重复这一动作直到杯子的中心处出现一个白点。

接近满杯时，将拉花杯直立起来，同时做一个贯穿的动作，用细线般的奶柱一口气切过白色圆点，形成心形。

若想做出更有层次感的心形拉花，就需要在步骤①出现白点时按照Z字形左右摇晃拉花杯，以持续稳定的流速倒入牛奶，最后的收尾动作同步骤②。

郁金香形拉花

郁金香图案要求灵活度更高，因为要分若干次倒入奶泡。

首先像拉心形图案一样倒入牛奶（经典倒法＋手腕轻微旋转），白点出现的同时拉花杯向前"推出"圈形。

停止注入，同时用手腕提起拉花杯。

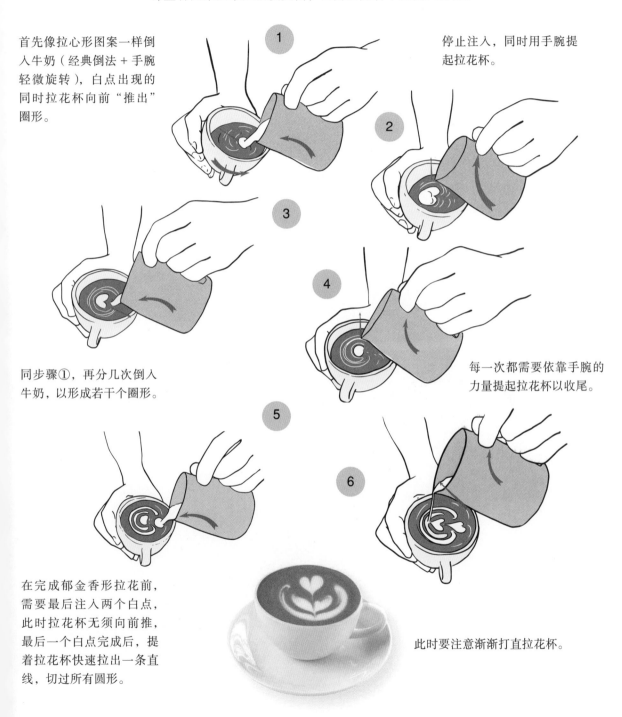

同步骤①，再分几次倒入牛奶，以形成若干个圈形。

每一次都需要依靠手腕的力量提起拉花杯以收尾。

在完成郁金香形拉花前，需要最后注入两个白点，此时拉花杯无须向前推，最后一个白点完成后，提着拉花杯快速拉出一条直线，切过所有圆形。

此时要注意渐渐打直拉花杯。

叶形拉花

叶形是基础拉花中最难的图案。
它需要打出最完美的奶泡，需要足够灵活，还需要……多花时间好好练习！

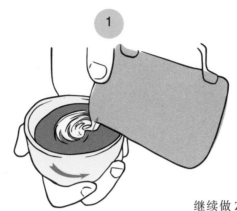

像拉出心形图案一样倒入牛奶（经典倒法 + 手腕轻微旋转）。一旦出现白点，便放低拉花杯，再以 Z 字形的方式左右摇晃，以缓慢而稳定的速度倒入牛奶，同时渐渐将杯子打直，如此一来，树叶的轮廓就自然形成。

继续做 Z 字形动作，将拉花杯向后拉，以便绘制出树叶的顶点。

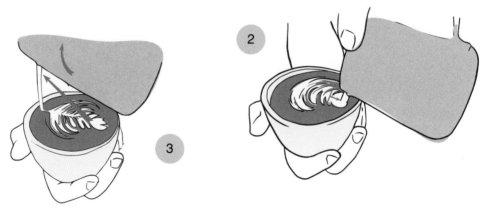

在顶点处稍做停留，以做成一个小小的心形，之后再次打直拉花杯，倾倒出细线状的奶柱，向前快速推过，收尾。

卡布奇诺家族

卡布奇诺是最经典的以咖啡打底的含乳饮品。现在人们常喝的卡布奇诺源自意大利。
它的质地十分柔滑，各种复杂的咖啡香气也得以保有，
之后逐渐变成各种简单且容易被人接受的味道（加入焦糖、巧克力等）。

卡布奇诺这个名字源于圣方济会修士马可·达维亚诺（Marco d'Aviano）所
穿衣服的颜色，他在 1683 年维也纳战争期间发明了卡布奇诺。

（1）在 150—180 毫升的咖啡杯中萃取一份意式浓缩
（15—45 毫升）。
（2）在 300 毫升的奶壶中将 150 毫升牛奶打出奶泡。
（3）将牛奶倒入意式浓缩中。

加不加巧克力？

一般来说，人们制作的都是原味卡布奇诺。但是为
了让口感更好，也可以酌情加入巧克力或可可粉。
如果你想在卡布奇诺上做拉花，那么就请在倒入牛
奶之前，在意式浓缩的表面撒上可可粉。

馥芮白（Flat white）

馥芮白源自澳大利亚和新西兰，是卡布奇诺的一种，
只是奶泡更加细密，厚度略薄。一杯馥芮白通常有双
份意式浓缩，所以咖啡香味更强烈。

180毫升咖啡杯

（1）在 180 毫升的咖啡杯中萃取双份意式浓缩。
（2）在 300 毫升的奶壶里将 150 毫升牛奶打出奶泡。
打奶泡的过程中所混合的空气应少于为卡布奇诺
所制的奶泡，即通过调节蒸汽管的位置，得到质
地更为绵密的奶泡。
（3）将打发好的牛奶倒入意式浓缩中。

宝贝奇诺（Babyccino）

宝贝奇诺是一种专为小朋友打造的不含咖啡的饮品，
由牛奶和奶泡构成。它出现在 20 世纪 90 年代，因为
在澳大利亚和新西兰的咖啡馆里，有很多顾客都带着
孩子去喝咖啡。

200毫升咖啡杯

（1）在 300 毫升的奶壶里将 150 毫升牛奶打出奶泡
（奶泡的热度要低于为卡布奇诺所制的奶泡）。
（2）将打发好的牛奶倒入咖啡杯或玻璃杯中。
（3）撒上可可粉。

意式拿铁（Caffè latte）

无论是意式拿铁，还是英语系国家称之为的拿铁，其实都与馥芮白类似，只是分量更大。

200—300毫升
咖啡杯

（1）根据想要制作的咖啡量，在 200—300 毫升的咖啡杯中萃取一份或双份意式浓缩。

（2）在 600 毫升的奶壶中将 250 毫升牛奶打出奶泡。打奶泡的过程中所混合的空气应少于为卡布奇诺所制的奶泡，即通过调节蒸汽管的位置，得到质地更为绵密的奶泡。

（3）将打发好的牛奶倒入意式浓缩中。

玛奇朵（Macchiato）

"玛奇朵"在意大利语中意为"印记"，它其实是这样一款饮品，即在意式浓缩上漫溢出一大片奶泡。

90毫升咖啡杯

（1）在约 90 毫升的玻璃杯中萃取一份意式浓缩。

（2）在小奶壶中打一点点奶泡。

（3）挖一到两勺奶泡，置于意式浓缩上。

拿铁玛奇朵（Latte macchiato）

拿铁玛奇朵是拿铁的变体，是将意式浓缩倒入奶泡中。制作这款饮品最好使用大玻璃杯，这样才能欣赏到分层。

350毫升咖啡杯

（1）在 600 毫升的奶壶中将 250—300 毫升牛奶打出奶泡。打奶泡的过程中所混合的空气应少于为卡布奇诺所制的奶泡。将打发好的牛奶倒入玻璃杯中。

（2）在容量为 100 毫升，质地为不锈钢或陶瓷的小壶中萃取一份意式浓缩。

（3）慢慢地将意式浓缩倒入玻璃杯中。因为不同液体的密度不同，所以可以看到玻璃杯中的分层。

可塔朵（Cortado）

"可塔朵"源自西班牙语中的"cortar"一词，意为"切割"。这款饮品与法式黑咖啡类似。之所以使用这个词，其实是意味着将热牛奶"切入"意式浓缩中。时至今日，用于制作可塔朵的牛奶也需要被打发，所以它算是浓缩版的卡布奇诺，只是相比于后者，浓度更甚。

90毫升咖啡杯

（1）在 90 毫升的玻璃杯中萃取一份意式浓缩。

（2）在 300 毫升的奶壶中打一点点奶泡。

（3）将打发好的牛奶倒入意式浓缩中。

阿芙佳朵（Affogato）

介于饮料与甜点之间，易上手，冷热混合，让人胃口大开。

200毫升咖啡杯

（1）将一个香草冰淇淋球放于 200 毫升的玻璃杯杯底。

（2）直接在装有冰淇淋球的杯子中萃取双份意式浓缩。

爱尔兰咖啡（Irish Coffee）

爱尔兰咖啡混合着果味，加入少许爱尔兰威士忌，再加一层冰凉的鲜奶油。千万不要搅拌，就这样直接喝才对。

200毫升玻璃杯

（1）用法压壶制作 100 毫升滴滤式咖啡。

（2）在 40 毫升爱尔兰威士忌中加入两勺咖啡黄糖，隔水加热，直至糖完全溶解。

（3）将咖啡倒入玻璃杯中（玻璃杯应先用热水进行预热，以防倒入咖啡时因温度骤升而炸裂），再倒入热好的威士忌。

（4）轻轻打发新鲜的液态奶油，用勺子将奶油铺于咖啡表面。

* 玛德琳是一款贝壳形状的小蛋糕，普鲁斯特在《追忆似水年华》中对其有过描写。

欧蕾咖啡（Café au lait）

对于很多咖啡爱好者来说，欧蕾咖啡好比普鲁斯特笔下的玛德琳蛋糕 *，是他们最初品评咖啡时最喜欢的饮品。欧蕾咖啡之于法国人，就像卡布奇诺之于意大利人，是一款经典饮品。

500毫升碗

（1）准备 200 毫升滴滤式咖啡，最好是用法压壶制作的。

（2）在奶锅中倒入 200 毫升牛奶，文火加热，也可以使用意式咖啡机的蒸汽管进行加热，直至 65℃。

（3）将咖啡和牛奶一起倒入碗中。

冰卡布（Cappuccino frappé）

此处为你展示一杯加冰制作的卡布奇诺。

350毫升咖啡杯

（1）在 300 毫升的奶壶中将 150 毫升牛奶打出奶泡，将打发好的牛奶倒入一份意式浓缩中（15—45毫升）。

（2）在容量为 100 毫升、质地为不锈钢或陶瓷的小奶壶中倒入 15 克糖浆。

（3）在调酒器中加入 80 克冰块，再将卡布奇诺和糖浆倒入其中，猛烈摇晃 30 秒。

（4）将混合好的咖啡倒入 200 毫升玻璃杯中，同时滤去冰块。

雅致

水量多

芳香四溢

不形成油脂层

柔和

无须加压

细腻

1.5 % 的咖啡

清爽

98.5 % 的水

制作时间长

细细品味

超过 200 毫升

滴滤式咖啡

如果说制作真正的意式浓缩只有一种方式的话，那么制作滴滤式咖啡的方式可就多种多样了。

接下来，我们会用示意图将之大致分成两种：浸泡法和滴滤法。

与制作意式浓缩所需的快速与激烈不同，制作滴滤式咖啡的方法要缓和而温柔得多。

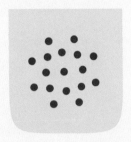

浸泡法

基本原则就是将研磨好的咖啡粉与热水在容器中混合，之后静置一阵（依据具体方法的不同，静置时间为1—4分钟不等）。之后将咖啡粉滤出，一杯可口的咖啡就制成了。这是一种简单而均匀的萃取法，因为咖啡微粒都均匀地浸在水中。

滴滤法

这种方法旨在用滤杯萃取，用热水浸润并穿过咖啡粉，将咖啡液过滤出来。因着重力的作用，包含着各种芳香和油类物质的咖啡液滴入置于滤杯下方的器皿中，而浸过的咖啡粉则留在滤杯中。与浸泡法不同，用滴滤法制作咖啡时，咖啡粉与热水的接触时间有限，长短取决于水流过滤杯的速度和咖啡粉颗粒的大小（即研磨度）。为了让萃取更为均匀，咖啡粉也须研磨得均匀。

无论采用哪种方法，都需要注意以下这些因素：

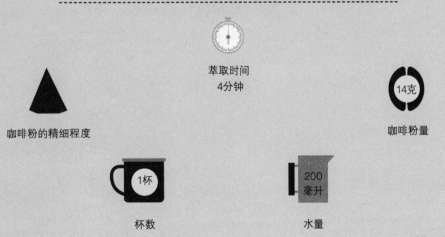

萃取时间
4分钟

咖啡粉的精细程度

14克

咖啡粉量

1杯

杯数

200
毫升

水量

制作滴滤式咖啡都需要些什么?

无论采用浸泡法还是滴滤法制作咖啡,以下这些都必不可少:
咖啡(研磨成粉)、水(大多数时候都是热水)和若干器具。
除此之外,还需要一只理想的咖啡壶。

磨豆机

(参见 24—27 页)

刮刀、搅拌棒

咖啡杯、马克杯或玻璃杯

(参见 32—33 页)

家用电子秤

像做糕点一样,制作一杯可口的滴滤式咖啡,电子秤是必不可少的。单纯用量勺估算咖啡粉和水量都会过于粗略(以水为例,随着温度的变化,水的体积也是不断变化的)。用电子秤称出咖啡粉的质量和对应的水量,才更加精准。因此,需要一台精确到小数点后两位的电子秤,秤盘应该足够大,当称水量时,它应足以容纳一只大肚玻璃瓶或咖啡壶。

水

(参见 28—31 页)

无论使用哪款咖啡壶,都至少要用新鲜的、过滤过的水。如果你使用的是电动咖啡机,条件允许的话,请尽量选择富维克矿泉水(以防止机器被钙化和氧化)。如果是其他滴滤器具,那么蒙特卡姆矿泉水就可以满足所有要求。

定时器

细嘴壶

滤具

(参见 80—81 页)

所谓滤具,指的是滤纸、滤布或金属滤网,有圆形的也有锥形的。通常用于虹吸壶或 V60 手冲滤杯等。

必备器具：细嘴壶

没有一款特制的、有着天鹅颈般修长出水口的手冲壶，就无法制作出一杯香浓可口的手冲咖啡。与普通水壶相比，细嘴壶可以更好地控制出水量，使得萃取更加均匀。Hario® 和 Bonavita® 两个品牌都出品了不错的手冲壶，甚至配有温控调节器，温差可控制在 1℃ 以内。

流量限制器

为了更精准更稳定地控制出水量，还可以在细嘴壶中加入一款减缓流量的装置，这款装置在使用 Hario®V60 滤杯制作咖啡时特别有效，许多网店有售。

理想的咖啡壶

品一杯手冲咖啡

与意式浓缩一样，品味一杯手冲咖啡（滴滤式咖啡）也要遵循若干标准。
在过去很长一段时间里，手冲咖啡都被认为不太高级。
然而时至今日，它又重新焕发生机，获得了应有的地位。

基本准备

无论是从器材价格，还是技术上看，手
冲咖啡都比意式浓缩要"亲民"得多。
然而，要想制作出一杯香醇可口的手冲
咖啡，仍须注意以下几点：

温度

一杯好的手冲咖啡能够随温度变化呈现出
不同口感：

70℃：只能品味到一小部分芳香，因为香
味被热气掩盖。

60℃：咖啡的酸味呈现出来，散发出果香。

40℃：咖啡清爽的后味长留于口中。

25℃：只有少部分精品咖啡在较低的温度下
还能保持令人愉悦的口感。

糖，加还是不加？

一杯精心制作的手冲咖啡根本无须加糖，因为糖会掩盖它精妙的口感和各种微妙的味道。与之相反，如果是一杯糟糕的手冲咖啡，制作得漫不经心，口感苦涩，没有甜味亦无芳香，那就最好加糖来平衡一下。

运用感官

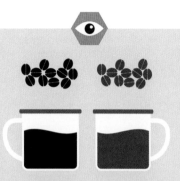

咖啡色泽

与意式浓缩相比，容器的好坏对手冲咖啡的影响不大。玻璃杯或透明马克杯可以更好地看出手冲咖啡的色泽，从而判断出咖啡豆的烘焙度：

- 用深烘焙咖啡豆制作出的手冲咖啡颜色较深，是近乎黑色的深栗色。
- 用浅烘焙咖啡豆制作出的手冲咖啡，身披近乎红色的浅栗色"外衣"。

气味

手冲咖啡会散发出果香、花香或坚果香等令人愉悦的气味。如果能闻到其他杂味，就意味着这杯咖啡有瑕疵。

口感

在五种主要味道中，对于手冲咖啡而言，最重要的或许是酸味，因为酸味的刺激是剧烈而鲜明的。若酸味中混合着果香等正面口感，就会让这杯咖啡层次分明。然而，一旦酸味过于浓烈（奎宁酸带有收敛性，醋酸倒人胃口，等等，详见 41 页），就会适得其反。

香味

若论芳香层次，手冲咖啡比意式浓缩要丰富得多，可分为花香、果香、草木香、坚果香、焦糖香、巧克力香、药材香、香料香，还有烟熏味。

与意式浓缩一样，手冲咖啡的香味也包含湿香（通过"鼻后嗅觉"来闻）和干香（用鼻子可闻到），但湿香与干香却不尽相同（见38—43页）。

醇度

手冲咖啡的浓度是意式浓缩的1/10，但其醇度却并非如此。诸多因素影响着手冲咖啡的醇度，包括不溶于水的成分、饮品中的悬浮物（沉淀和油脂），都会让其更加醇厚。醇度首先可以在入口时感受到，由此判断出咖啡是醇厚顺滑的，还是稀薄平淡的。无论口感是强是弱，手冲咖啡入口时都应让人感到愉悦惬意。

综合风味

显而易见，手冲咖啡无论是在口感的强烈程度上，还是在醇度、黏稠度和浓度上，都不可与意式浓缩同日而语。但在手冲咖啡里，人们可以品味出细腻、精致和悠长的后味，恰到好处的酸味，柔滑的质地，以及扑面而来的各种芬芳。品一杯手冲咖啡，好比一次漫长而宁静的旅行，一幅幅意趣盎然的风景让你沉迷其间。

何为一杯"完整的咖啡"？

一杯完整的咖啡会随着温度变化散发出各种不同芳香（花香、果香、香料香等）。品味咖啡是一段难忘的经历，其口感复杂（让人沉醉的芳香，酸中带甜，等等），却始终都能保持平衡。

品鉴实例

种植园名称: kamwangi AA（肯尼亚）

品种: SL28, SL34, K7和鲁伊鲁11

处理方式: 水洗式

烘焙时间: 2016年3月15日

品鉴时间: 2016年3月25日

制作方式: V60手冲滤杯

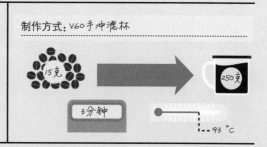

闻

气味佳			
✓ 坚果		热带水果	
莓果		柑橘	
核果		✓ 花香	
蔬菜		香料香	

气味不佳			
烟熏味		木头味	
焦味		草本味	

记录: 蜂蜜香, 果酱香

芳香

气味佳			
✓ 坚果		热带水果	
✓ 莓果		柑橘	
有水		花香	
蔬菜		香料香	

气味不佳			
烟熏味		菜味	
草本味		木头味	

记录: 黑加仑、醋栗、杏仁露

酸度

1	2	3	4 ✗	5

甜度

1	2 ✗	3	4	5

强度

浓郁

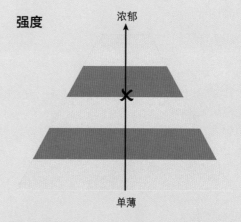

单薄

醇度

1	2 ✗	3	4	5

清澈度

1	2	3 ✗	4	5

平衡感

1	2	3	4 ✗	5

回味时长

1	2	3 ✗	4	5

综合评价

闻起来有甜味, 有清淡的酸味。

醇度适中, 香味清新, 杯中干净。

一款很不错的肯尼亚咖啡。

咖啡滤具

制作手冲咖啡需要让磨好的咖啡粉与热水充分接触。

正是借助滤具，让萃取出的咖啡液与咖啡粉渣得以完美分离。

滤纸

由美乐家公司（Melitta）于 1908 年发明，时至今日，它已成为使用最广的滤具。滤纸价格低廉，分为漂白和无漂白两款。建议使用漂白滤纸，因为未漂白的会带有明显的纸味。

 优点

滤纸可以滤掉所有不溶解物质，以及大部分咖啡油脂，从而得到一杯最为干净的手冲咖啡，同时还饱含芬芳。另外，通过各种途径都可以轻松买到。

 缺点

一次性的，有些使用前需用水漂洗，以清除令人不快的纸张味，防止它影响咖啡风味。

滤布

作为滤纸的前身，使用滤布（通常是全棉的）会得到一杯干净的咖啡，口感也胜过用滤纸滤出的咖啡。

 优点

可重复使用，在隔离出大部分不溶解物的同时，可以让一部分咖啡油脂通过，因此得到的咖啡不仅芳香四溢，口感也更密实。

 缺点

每次使用后都必须清洗，而且要泡在干净的水里，用密封容器装好，储存在冰箱中。否则会散发出难闻的气味，在制作咖啡时影响口感。

金属滤网

就像意式咖啡机一样，制作手冲咖啡也可以使用金属材质的滤网。金属滤网上有许多直径相等的小孔，足以让液体流过，但同时也会有一些残渣、不溶解物质和咖啡油脂流入杯中。

 优点

易于清洗，可反复使用，且无须特殊保存。滤出的咖啡质地更柔滑，醇度更高，当然也更浑浊。

 缺点

做出的咖啡香气不如前两种。

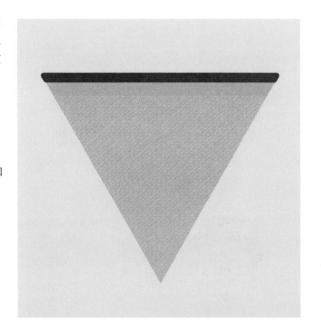

适用于不同咖啡机的滤纸

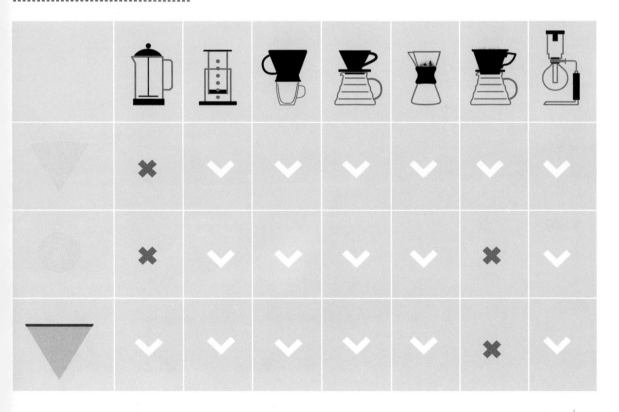

🔻	✖	✓	✓	✓	✓	✓	✓
⚫	✖	✓	✓	✓	✓	✖	✓
▽	✓	✓	✓	✓	✓	✖	✓

滤压壶

英语中也称之为"法压壶"（French press），这是一款操作起来最简单，也是在法国使用最广的咖啡壶。

浸泡式　4分钟　1杯　200毫升　14克　研磨度（参见23页）

这是最简单的咖啡制作方式。用法压壶冲泡的咖啡会比用其他方法制作出的更醇厚、更柔滑。这种方法唯一的缺点就是得到的咖啡不够干净。

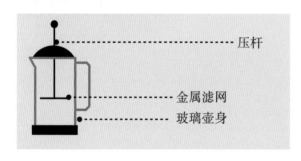

压杆

金属滤网
玻璃壶身

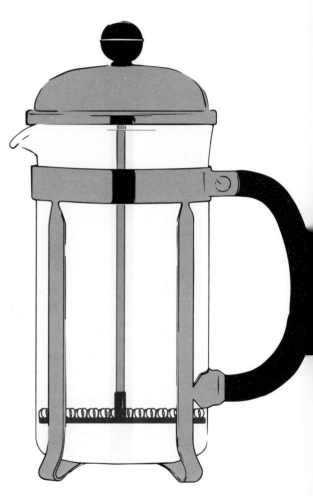

过滤用法压壶制作的咖啡

用法压壶制作的咖啡会含有许多悬浮颗粒。如果你希望得到一杯残渣较少的咖啡，可以用咖啡专用滤具再过滤一遍，就可以除去那些不溶解物质。由此得到的咖啡虽不够醇厚，但香味却会有所提升。

使用方法

先用热水预热咖啡壶，以便使壶内形成良好的热惰性，再将水倒掉。

1

将 200 毫升水加热到 94℃。如果手边没有温度计，就将水煮沸，之后揭开壶盖，静置 30—40 秒。

2

3

将 14 克研磨好的咖啡粉倒入咖啡壶中。将整个咖啡壶放置于电子秤上。称出皮重，倒入热水，注意观察水是否浸润了所有咖啡粉。

4

盖上咖啡壶盖，但不要按下压杆，保持壶内的热量，静置浸泡 4 分钟。

5

去除表面的咖啡渣。

6

轻压压杆，一直压至壶底。

7

倒出咖啡，注意尽量不要将壶底的沉渣也倒出来（以免影响咖啡口感）。

新式法压壶（Espro Press®）

于 2011 年问世，是法压壶的改良版。它自带双滤网，且更为细密，可有效减少残渣，进而得到一杯更干净的咖啡。而且，Espro Press® 带有双层不锈钢壁，可以更好地保温，既有利于保证萃取稳定，又有助于让咖啡在热水中持久浸泡。

爱乐压

爱乐压（Aeropress®），是一款极易上手的塑料咖啡壶，
由爱乐比公司（Aerobie，Inc.）的创始人阿朗·阿德勒（Alan Adler）于 2005 年发明。

浸泡式　1分30秒　滤纸　1杯　250毫升　14克　研磨度
（参见23页）

用这款咖啡壶制作咖啡，所需时间比法压壶要短。因为有了滤纸，所以杯中的沉渣会更少。

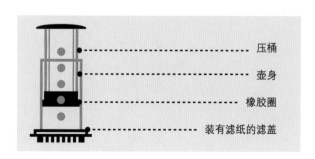

压桶

壶身

橡胶圈

装有滤纸的滤盖

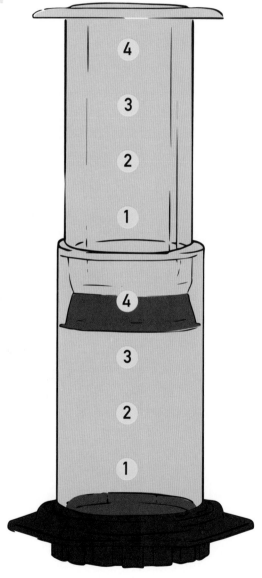

使用方法

将 250 毫升水加热至 92—94 ℃。如果你手边没有温度计，就将水煮沸，打开壶盖，静置 30—45 秒。

将滤纸装入滤盖中，用少量热水冲洗一遍。

传统做法

将装好滤盖的壶身放置于玻璃瓶或马克杯上。向壶中倒入 14 克研磨好的咖啡粉，连同马克杯一起置于电子秤上，称出皮重。

倒置法

将压桶倒置，令壶身置于压桶之上。向壶内倒入 14 克研磨好的咖啡粉。将爱乐压置于电子秤上，称出皮重。

启动定时器，向壶中注入 200 克热水，直至刻度③。

启动定时器，注入 200 克热水，注意观察水是否浸润了所有咖啡粉。

将压桶装进壶中，让咖啡粉在热水中闷煮 1 分钟。

用搅拌棒搅拌 3 圈，之后将滤盖固定于壶身上，轻轻下压，以挤出空气。让咖啡粉在热水中闷煮 1 分钟。

取出压桶，用搅拌棒沿着同一方向搅拌 3 圈，再次将压桶放入，轻轻下压，直至壶中不再有液体。这大约需要 30 秒。

将玻璃瓶或马克杯倒扣于滤盖上，再连同爱乐压转正，将压桶轻压到底，这大约需要 30 秒。

聪明杯

聪明杯（Clever®）由 ABID® 公司（Absolutely Best Idea Development）出品，将浸泡法与滴滤法相结合，但必须指出的是，其实主要还是用浸泡法进行萃取的。

| 浸泡式 + 滴滤式 | 3分30秒 | 滤纸 | 1杯 | 300毫升 | 14克 | 研磨度（参见23页） |

在所有浸泡法中，用聪明杯冲泡出的咖啡残渣最少。

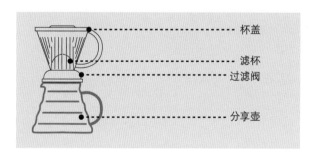

杯盖
滤杯
过滤阀
分享壶

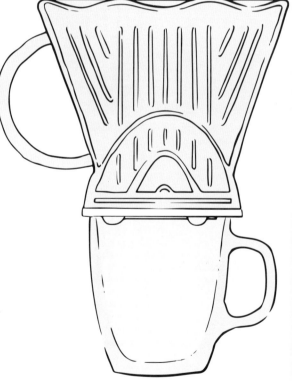

使用方法

1. 将 300 毫升水加热至 90—92℃ . 如果手边没有温度计,就将水煮沸,打开壶盖,静置 45—60 秒。

2. 将滤纸置于聪明杯中,用至少 100 毫升的水进行冲洗。将冲洗过的水倒掉。

3. 将 14 克研磨好的咖啡粉倒入杯中,将聪明杯置于电子秤上,称出皮重。

4. 启动定时器,向杯中注入 200 克热水,注意观察水是否浸润了所有咖啡粉。盖上杯盖,浸泡 2 分 30 秒。

5. 取下杯盖,将聪明杯置于分享壶或马克杯上。打开过滤阀,让溶液滴滤至容器中。最后这一步时长约 1 分钟(如果滴滤时间过长,则说明咖啡粉过细了)。

虹吸壶

虹吸壶（Siphon）发明于 19 世纪 30 年代，它之所以享有盛名，还因为另一个名称——"负压壶"。
虹吸壶外观独特，工作原理亦然。

| 浸泡式 + 滴滤式 | 1分30秒 | 滤布 | 1杯 | 300毫升 | 16克 | 研磨度（参见23页） |

用这种方法制作出的咖啡口感细腻，咖啡液不仅干净，而且芳香四溢。

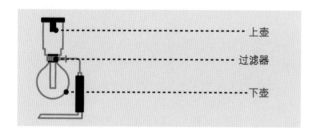

上壶

过滤器

下壶

如果你刚买了虹吸壶，那么请仔细阅读下面这段话

Hario® 牌虹吸壶自带一盏酒精灯。但酒精灯无法较好地掌控热度，因此建议将其换成煤气灯，以便更持续、精确地调控热度。

使用方法

1

将 300 毫升水加热至 90—92℃。如果手边没有温度计，就将水煮沸，打开壶盖，静置 45 秒即可。

300毫升

90—92℃

2

冲洗滤布。将过滤器装入虹吸壶的上壶中，拉伸弹簧从下方固定好。用搅拌棒将滤布调整至中心位置。

3

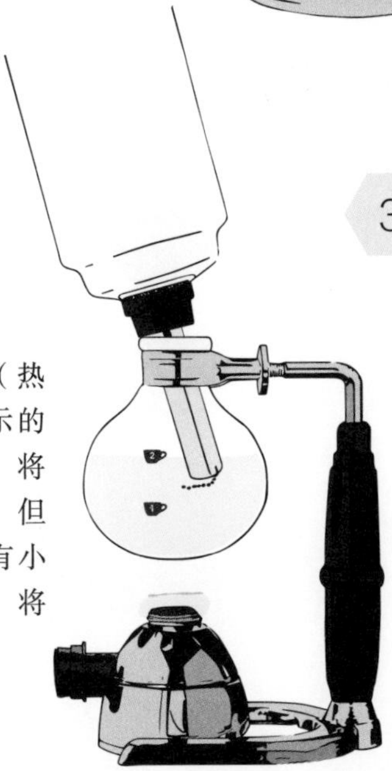

将热水倒入下壶（热水的量达到所标示的"2 杯"的位置）。将上壶斜插进下壶，但不要插紧，应留有小口。点燃煤气灯，将之置于下壶下方。

4

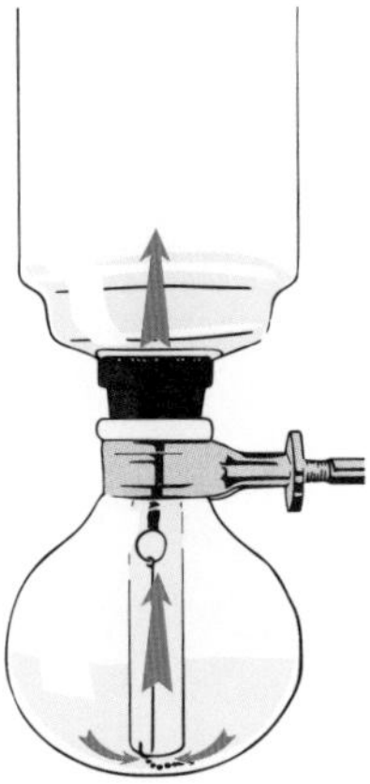

将水煮沸，接着将上壶扶正插紧。在热力作用下，空气会推动水穿过导管进入上壶中。当上壶中不再有水流入时，调整热度，使其维持在 90—92℃（可以使用温度计进行测量）。

5

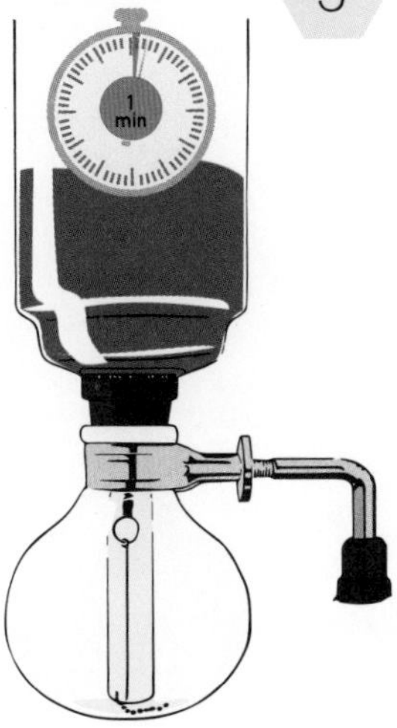

在上壶中倒入 16 克研磨好的咖啡粉。启动定时器。用搅拌棒搅拌咖啡粉，使其均匀浸润，再静置 1 分钟。

1 min

6

熄灭煤气灯，将其撤走——这会使得压力骤减，在重力作用下，产生吸液效果，液体会经由导管流入下壶中。此时滤布会隔离出萃取过后的咖啡粉。最后这一步需要 30—40 秒。如果过滤时间过长，则说明咖啡粉过细。

Hario® V60 手冲滤杯

由日本 Hario® 公司投入市场，是一款呈 V 字形的滤杯（因其 60° 的锥形角度而得名）。

滴滤式　　2分30秒—3分　　V60专用滤纸　　1杯　　　300毫升　12—13克　研磨度（参见23页）

这种方法制作出的咖啡既有醇度，又足够清透，香气明显。

滤杯

分享壶

使用方法

将 300 毫升水加热至 94℃，如果没有温度计，就将水煮沸，打开壶盖，静置 30—40 秒。

将滤纸放进 V60 滤杯中，至少用 100 毫升水进行彻底冲洗，避免咖啡中串入纸味。之后，将水倒掉。

倒入 12—13 克咖啡粉。将滤杯与分享壶一起放置于电子秤上，称出皮重。

启动定时器。先倒入 25 克热水，注意观察水是否浸润了所有咖啡粉。可搅拌咖啡粉，使其完全浸透。

30 秒后——这是浸透咖啡粉并使其略微脱气所需的时间——再次沿顺时针方向打圈注入 25 克水，需要注意的是不要淋在滤纸上。以同样的方式每隔 15 秒注入 25 克水，直至注完 200 克水。萃取总时长约为 2 分 30 秒至 3 分钟。如果时间过短，说明咖啡粉磨得太粗；反之，则太细。

Chemex® 手冲壶

1941 年，彼得·施伦博姆（Peter Schlumbohm）博士发明了 Chemex® 手冲壶，
这是一款沙漏形的咖啡壶，其中上半部分为滤杯，
而下半部分就是我们通常所说的下壶或分享壶，用于盛装过滤好的咖啡液。

| 滴滤式 | 3分30秒—4分 | Chemex®专用滤纸 | 6杯 | 1升 | 30—35克 | 研磨度（参见23页） |

用 Chemex® 萃取出的
咖啡虽不够醇厚，但
口感细腻且香气浓郁。

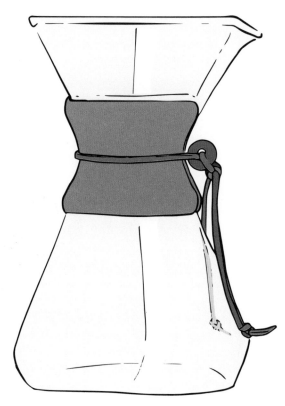

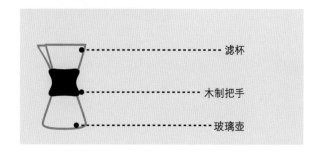

- 滤杯
- 木制把手
- 玻璃壶

Chemex® 专用滤纸的折法

Chemex® 所使用的滤纸比普通滤纸厚，且需要进行不对称折叠。放入滤杯后，
一侧有一层滤纸，而另一侧则有三层。关于滤纸的叠法，请见下页。

使用方法

将 1 升水加热至 94℃，如果手边没有温度计，就将水煮沸，打开壶盖，静置 30—40 秒即可。

将滤纸放入 Chemex® 壶中，至少用 500 毫升水进行彻底冲洗，避免咖啡中串入纸味。之后，将滤纸拿出，置于一旁，将 Chemex® 中的水倒掉，然后再次放入已冲洗过的滤纸。

倒入 30—35 克咖啡粉。将 Chemex® 手冲壶置于电子秤上，称出皮重。

启动定时器。先倒入 100 克热水，注意观察水是否浸润了所有咖啡粉。静置 45 秒——这是浸透咖啡粉并使其略微脱气所需要的时间。

接着，再沿顺时针方向打圈注入 100 克水，先由中心向边缘注入，再由边缘向中心，就像画螺旋一样。每隔 30—40 秒，注入 100 克水，直至注完 500 克。

萃取总时长约为 3 分 30 秒到 4 分钟。如果时间过短，说明咖啡粉磨得太粗；反之，则太细。

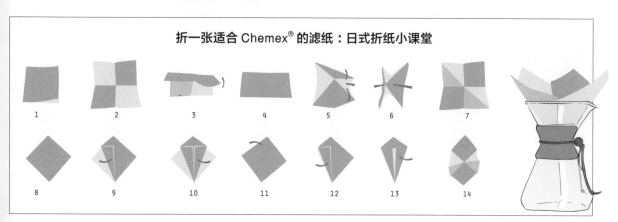

折一张适合 Chemex® 的滤纸：日式折纸小课堂

卡丽塔滤杯

卡丽塔手冲滤杯（Kalita® wave）产自日本，是一款三孔平底滤杯。

这款滤杯需要专用滤纸，通常是波浪形的。

滴滤式　　3分钟　卡丽塔专用滤纸　1杯　　400毫升　　18克　　研磨度（参见23页）

用这款滤杯制作出的咖啡会更醇厚，也会散发出更馥郁的芳香。

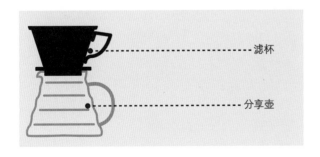

滤杯

分享壶

使用方法

1

将 400 毫升水加热至 94℃，如果手边没有温度计，就将水煮沸，打开壶盖，静置 30—40 秒。

2

将滤纸放入卡丽塔滤杯中。向滤纸中心处注入热水，以使滤纸与滤杯完美贴合。将水倒掉。与 V60 和 Chemex® 所使用的滤纸不同，此处无须对滤纸进行充分漂洗以除味。

3

倒入 18 克咖啡粉。将滤杯和下壶一同置于电子秤上，称出皮重。

4

启动定时器。注入 50 克水，同时注意观察水是否浸润了所有咖啡粉。静置 40—45 秒——这是浸透咖啡粉并使其略微脱气所需要的时间。之后再打圈注入 50 克水，沿顺时针方向，先由中心向边缘，再由边缘向中心，就如同画螺旋一样，注意切勿将水倒在滤纸上。再注入 50 克水，注意不要让水完全没过咖啡粉，直至注完 300 克热水。萃取总时长约 3 分钟。如果时间过短，说明咖啡粉磨得太粗；反之，则太细。

摩卡壶

摩卡壶的灵感源于"lessiveuse",即洗衣服的桶,由路易-贝尔纳·拉博于 1820 年发明。
到了 1933 年,阿方索·比亚莱蒂(Alfonso Bialetti)为其申请了专利,由此摩卡壶也被称为"意大利壶"。
比亚莱蒂®公司一直生产摩卡壶,受到了人们的普遍欢迎。

传统的摩卡壶都是铝制的,时至今日也出现了不锈钢制的,还有不同材质、不同款式的摩卡壶。

滴滤式	1分钟	3杯	150毫升	15克	研磨度 (参见23页)

这款咖啡壶制作出的咖啡口感强烈,浓度更高(咖啡与水的比例更高),有些接近意式浓缩。摩卡壶内的压力接近 1.5 巴,而意式咖啡机的压力为 8—10 巴。因其构造,加之壶内的高温,让水更易被加热,稍不留神就会萃取出口感偏苦的咖啡。

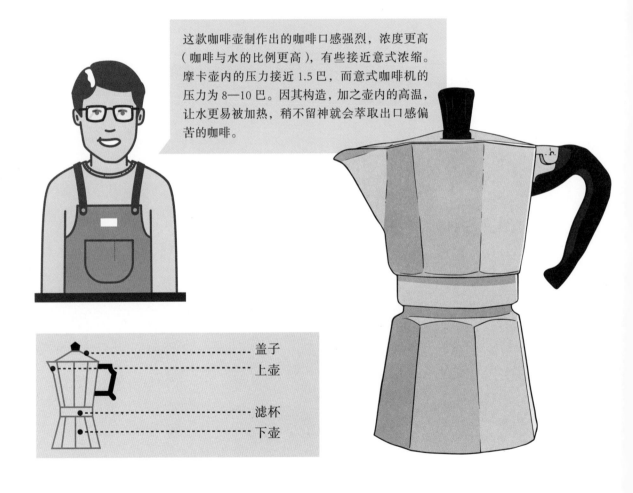

盖子 ······
上壶 ······
滤杯 ······
下壶 ······

使用方法

将 15 克咖啡粉倒入滤杯。轻敲滤杯，使咖啡粉均匀分布其中，但不要压实。

用电热水壶将水加热至 80 ℃ —— 这样既可以节约时间，又可以避免水温太高将咖啡粉烫焦。接着向下壶中倒入热水，水的高度在泄压阀（壶身外的一颗小螺丝）下缘处（约 150 毫升）。

将上下壶拧紧，整个咖啡壶置于文火上。打开盖子，密切观察萃取情况。

一旦有咖啡溢出上壶，即将火调小，并于 1 分钟后将摩卡壶从火上挪开，无须等到咖啡液完全溢出。如果溢出时间少于 1 分钟，就说明咖啡粉磨得太粗；反之，则说明太细。

美式电动咖啡机

美式电动咖啡机发明于 20 世纪 50 年代，可直到 70 年代它才真正得到普及，变得流行起来。

滴滤式　5—6分钟　滤纸　6—8杯　1升　60—70克　研磨度（参见23页）

与 V60 手冲滤杯相比，美式电动咖啡机做出的咖啡口感更平衡，酸味更淡。但同时也可以说，这样的咖啡无法完全释放出各种香气（天然香气难以得到完全释放）。

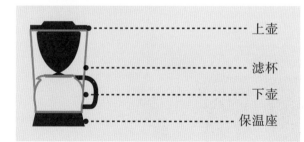

- ———— 上壶
- ———— 滤杯
- ———— 下壶
- ———— 保温座

原来是重力！

在重力作用下，水槽中的冷水往下流，下方的电阻会将水加热至 90℃以上。热水经由导管流入上壶，再渐渐流经提前放置于滤纸中的咖啡粉。就这样，咖啡在重力的作用下得以萃取，流入置于滤杯下方的玻璃壶中。

使用方法

用至少200毫升水冲洗滤纸，以防纸的味道渗入咖啡。你也可以将水倒入水槽中，在不放入咖啡粉的情况下，让咖啡机空转一次。之后再将咖啡粉倒入滤杯中。

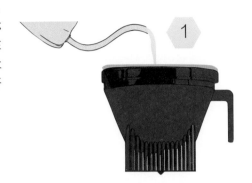

1

2

向水槽中倒入水。

3

依据自己的需要为咖啡机设定预煮时间，或者直接启动咖啡机开始萃取。

4

一旦咖啡萃取出来，就不要长时间置于保温座上。直接喝，或者将咖啡倒入保温杯中，最多保温20—30分钟。超过30分钟，咖啡就会氧化变味。

定制一杯手冲咖啡

要想得到一杯好喝的手冲咖啡，无论使用什么方法，最重要的就是控制好一些因素。
如果有一点经验，再加上些许好奇心，就会更好。

咖啡粉

咖啡粉越细，暴露的表面越多，与水接触时成分就溶解得越多。因此，想得到一杯好喝的手冲咖啡，所使用的咖啡粉就应该比制作意式浓缩时所使用的要粗，而且要研磨得尽可能均匀。过于精细的咖啡粉在与热水接触时会萃取过度，入口会觉得苦，而苦味会扰乱咖啡的芳香。要按照所使用的不同方法、萃取的杯数（即水量）和过滤方式，对咖啡粉的精细程度进行调节。

水温

咖啡中的大部分成分在高温作用下可以更好地溶解。最理想的水温是在92—95℃之间。

适宜的温度：

刚煮沸的水会把咖啡粉烫焦，而不够热的水又无法完全释放咖啡的香气。因此对于烘焙度不同的咖啡豆，制作咖啡时所使用的水温也是不同的。对于深烘焙的咖啡，水温需略低（92℃）；对于浅烘焙的咖啡，水温需略高（94—95℃）。

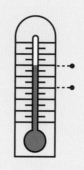

不同方法适用的咖啡粉：

 浸泡式

 滴滤式

现象	原因	解决方案
咖啡太苦，口感收敛，偏干，口中的后味让人不快	咖啡粉萃取过度	使用粗一些的咖啡粉
咖啡过酸，偏咸	咖啡粉萃取不足	使用细一些的咖啡粉

现象	原因	解决方案
咖啡太苦，口感收敛，偏干，口中的后味让人不快	咖啡粉萃取过度	使用粗一些的咖啡粉，让咖啡液流速加快
咖啡液流得太快	咖啡粉萃取不足	使用细一些的咖啡粉，让咖啡液流速放慢

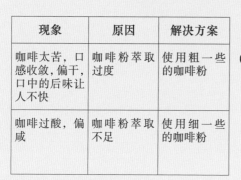

咖啡粉与水的比例

与意式浓缩相比，手冲咖啡的浓度只有它的 1/10，所需的咖啡粉量更少，水量更多。通常情况下咖啡粉与水的比例为 55—80 克咖啡粉 /1 升水。

适宜的比例：

- 如果比例为 55 克咖啡粉 / 1 升水：较淡的咖啡

- 如果比例为 80 克咖啡粉 / 1 升水：浓烈的咖啡

要在不断提高或降低这一比例的过程中，摸索出得到一杯口感最佳的咖啡所需的比例。

萃取时长

咖啡粉与水接触的时长决定着将要萃取出的可溶性物质的分量，以及最终会得到一杯怎样的咖啡。这需要找到平衡：如何将令人愉悦的因素最大化，而将令人不快的因素最小化。如果萃取时间过短，就会失去一部分令人心怡的香气。但是，如果萃取时间过长，杯中的咖啡又会散发出负面气味。

萃取时间过短
香味无法得到完全释放

萃取时间过长
散发出令人不快的气味

搅拌

用咖啡勺或搅拌棒搅拌咖啡，可以让水与咖啡粉进行充分融合，同时咖啡粉会得到更为充分的萃取。搅拌加速萃取，令咖啡的萃取更加均匀。如果搅拌动作是有规律且持续的，那么搅拌也可作为制作出一杯好喝的手冲咖啡的补充因素。

方法

为了观察了解不同因素对咖啡的影响，最好的方法就是不断调整各个因素，并对比所得结果：

1 先按照基本要素制作一杯咖啡，之后调整研磨度（使用更细或更粗的咖啡粉），制作出第二杯（如果可能的话，最好同时制作这两杯咖啡，更方便对比）。分别品尝两杯咖啡，比较并记录哪杯口味更好。

2 留下口感更好的那杯，确保研磨度不变，改变咖啡粉与水的比例。品尝，比较，观察，记录。

3 留下口感更好的那杯，确保咖啡粉与水的比例不变，调整水温。

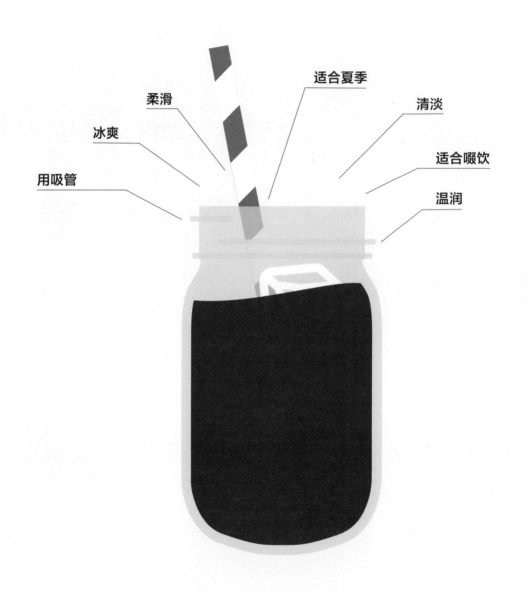

用吸管　冰爽　柔滑　适合夏季　清淡　适合啜饮　温润

冰咖啡

冰咖啡的制作方法与手冲相同，只不过它们是冰镇的。
这种咖啡越来越流行，尤其在夏天，绝对是一杯又酷又冰爽的饮品！

热萃

加冰的咖啡又被称为"日式冰咖啡"，其实是结合了
热萃与冰饮。换句话说，就是在喝之前加冰进行快
速冷却。

冷萃

用冷萃法得到的咖啡则有很大差别。冷萃咖啡基本
去除了酸味，喝起来柔滑、甘甜，甚至有利口酒的
感觉。咖啡馆在售卖冷萃咖啡时通常会配上造型可
爱的瓶子，并贴上相应标签。

经典冷萃法

① 提前一天将咖啡粉倒入有盖的容器中，向容器中
   加水，确保所有的咖啡粉都被水浸润。盖上盖子，
   放进冰箱，静置12—16小时。

② 第二天，在滤器中放入滤纸，将滤器置于玻璃瓶上。
   将咖啡液过滤后，加入冰块即可饮用。

冰滴咖啡：冷萃法

这里所提供的制作方法仿佛化学实验一般！

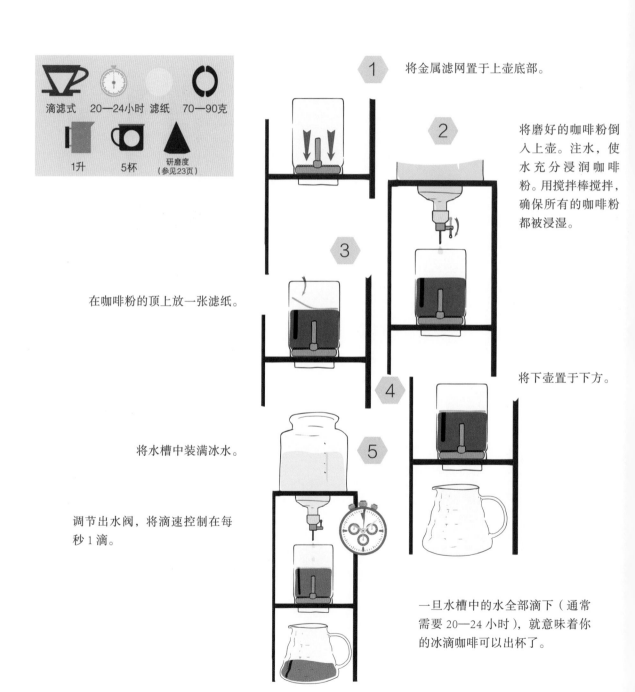

滴滤式　20—24小时　滤纸　70—90克

1升　5杯　研磨度（参见23页）

1　将金属滤网置于上壶底部。

2　将磨好的咖啡粉倒入上壶。注水，使水充分浸润咖啡粉。用搅拌棒搅拌，确保所有的咖啡粉都被浸湿。

在咖啡粉的顶上放一张滤纸。

3

将下壶置于下方。

4

将水槽中装满冰水。

调节出水阀，将滴速控制在每秒1滴。

5

一旦水槽中的水全部滴下（通常需要20—24小时），就意味着你的冰滴咖啡可以出杯了。

日式冰咖啡

对于冰咖啡来说，加入冰块会在一定程度上稀释咖啡。
为此，在制作的时候，一方面应该尽量萃取出香味更浓且酸味略重的咖啡，
另一方面，萃取咖啡所使用的水应与制作冰块所使用的水是同一种。

滴滤式	1分45秒—2分钟	V60滤纸	17克
250毫升	1杯	研磨度 (参见23页)	冰块

加入不融冰块的冰咖啡

你可以按照咖啡与水的传统比例制作一杯冰咖啡，即12—13克咖啡粉配200毫升水，前提是只要你所使用的是被密封在了塑胶装置中的冰块，既能够冰镇咖啡，又不至于稀释它。不过一定要注意"量"的把控，即放入足量的冰块。

将250毫升水加热至94℃。如果手边没有温度计，就将水煮沸，打开壶盖，静置30—40秒。

将冰块倒入下壶，约占下壶的一半。在V60中倒入17克咖啡粉。将滤杯和下壶一起置于电子秤上，称出皮重。

将滤纸放入Hario®V60手冲滤杯中，用100毫升热水冲洗滤纸，之后将水倒掉。

启动定时器，先注入50克热水，确保浸润所有咖啡粉。搅拌。30秒后，再次沿顺时针方向打圈注入50克热水。1分钟后，再倒入50克热水。约1分45秒至2分钟之后，滴滤完成。

CHAPITRE **3**

咖啡烘焙

烘焙咖啡豆

所谓烘焙，即通过焙炒咖啡生豆，使其释放香气。

对于烘焙师来说，这是一项既烦琐又精细的工作，需要他对咖啡豆和烘焙机有着近乎完美的掌控。

咖啡师也应具备烘焙的相关知识，这样才能挑选出最合适的咖啡豆，制作出最可口的咖啡。

烘豆机 / 烘焙师

在法语中，"torréfacteur"一词既可以指烘焙师，也可以指用于焙炒咖啡生豆的烘豆机。不同型号的烘豆机，其容量（从100克到几百千克不等）、加热模式（天然气或电）和构造也不尽相同。目前使用最广的是直火式滚筒烘豆机。使用这种机器，手工烘焙需10—20分钟，炉内温度可达190—230℃。

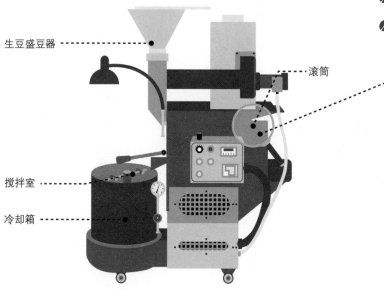

生豆盛豆器

滚筒

搅拌室

冷却箱

圆柱形旋转滚筒

手工烘焙

使用烘豆机，其热能主要通过对流和传导来获得；此外也不能忽视辐射的作用，因为它有助于确保烘焙过程的稳定。

作为烘焙师需要掌控：

• 热量

• 包裹着咖啡生豆的空气流动时的强度（以控制对流）

• 与咖啡生豆直接接触的滚筒的转速（以控制热传导）

烘焙结束后，需要在冷却箱中对咖啡豆进行快速搅拌和冷却，以停止咖啡豆内部继续加热。

物理小课堂

三种热传递方式：

• 对流（借由流体，即液体或气体）

• 传导（借由金属）

• 辐射（物体放热）

商用烘焙

大部分企业会选择快速烘焙法（10分钟之内炉温达到400℃），甚至还有被称为"闪电式"（90秒内炉温高达800℃）的烘焙法，来烘焙咖啡豆。但这类方法既不利于咖啡豆释放香气，也不利于提升它们的风味。尤其使用"闪电式"时，烘好的咖啡豆必须放入水中进行冷却。为了检测你的咖啡豆是不是用这种方式烘焙出来的，可以将其置于冷冻柜中，如果咖啡豆变硬了，那就意味着它的含水量超过了行业标准所规定的最大值——5%。

家用烘焙

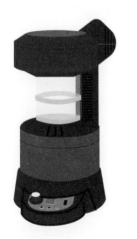

其实，你也完全可以在家中烘焙咖啡生豆。

选择什么样的咖啡豆？

你可以从某些烘焙工坊中购得咖啡生豆。一旦买到咖啡生豆，首先需要了解的是，在烘焙过程中，它会失去11%—22%的水的重量。最好选择一些包容性更强，也更易上手的咖啡豆品种，如色泽较浅的波旁、帕卡斯、卡杜拉、卡杜艾……

挑选一台小型家用烘豆机

别指望用平底锅就能烘焙出咖啡豆，虽然这也是可行的，但得到的结果总不尽如人意，因为咖啡豆的烘焙需要对流和持续搅拌。于是，小型烘豆机诞生了，一次可以烘焙80—500克咖啡生豆，完全可以满足家庭需求。

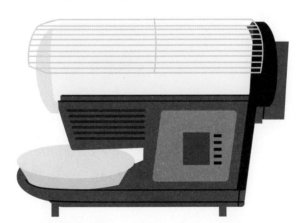

> broche：法文中用于表示一次可以烘焙的咖啡豆量。

热风式家用烘豆机

对爆米花机稍作改造，就得到了这款家用烘豆机，自带强对流装置，不过只能调节烘焙时间。

滚筒式家用烘豆机

使用这款烘豆机可以更好地掌控热度（通过调整温度和时间），价格从100—1000欧元不等。即便如此，也不能指望它烘焙出的咖啡豆在香味上可以与专业烘豆机烘焙出的相媲美。不过，自己在家烘焙也是件有趣的事，有一台烘豆机，就可以随时喝上新鲜的咖啡，还可以自行掌控烘焙度。

生豆与烘焙

在这里，我们会看到咖啡生豆是如何随着烘焙而发生变化的。

咖啡生豆的演变

咖啡生豆吸收热量后，产生吸热反应，由绿变黄，含水量降低。

热能将生豆中的水转化成蒸汽

↓

二氧化碳从生豆中释放出来

↓

生豆内部压力达到 25 巴

↓

第一爆：生豆爆发出独具特色的爆裂声

生豆体积增大到原先的 1.5—2 倍，重量减少 11%。它散发出热量（放热反应），变成褐色（降解反应），还会褪下一层被称为"银皮"的薄膜，被留在烘焙机的收集筒里。

如果继续烘焙，二氧化碳就会不断增加

↓

第二爆

生豆颜色更深：意味着烘焙程度加深。此时重量减少 22%，继续放热反应。

第二爆之后，生豆在热解作用下，表面出现一层油脂，开始炭化，易烤焦。

烘焙过程

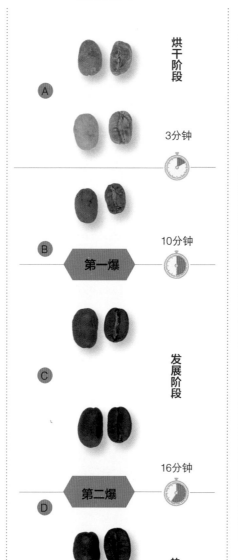

烘干阶段

A

3分钟

10分钟

B 第一爆

发展阶段

C

16分钟

D 第二爆

热解阶段

20分钟

E

香气散发

烘干阶段能释放出 3—4 种香气。

香气和味道通过以下两种反应释放出来：

- 美拉德反应：当咖啡豆的含水量低于 5% 时，还原糖类就会和蛋白质中分解出的氨基酸发生化学反应。
- 焦化：水和还原糖类及蔗糖之间产生的化学反应。

随着烘焙的不断进行，酸味逐渐减弱，苦味逐渐加强。化学反应再度变为吸热反应，有助于香气的散发。

烘焙结束时，会有约 800 种香味散发出来，还有各种气味、酸味、甜味和醇厚感。不过有时也夹杂着并不尽如人意的味道。

在最后这一阶段，香味遭到破坏，会被苦味所掩盖。酸味基本不复存在，醇度也会降低。

烘焙与温度

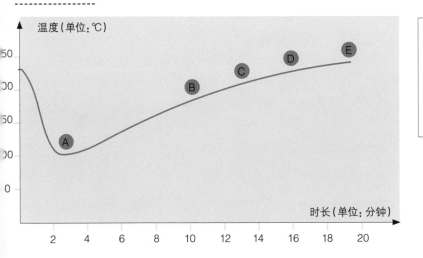

温度（单位：℃）

时长（单位：分钟）

我们可以相信颜色吗？

没有统一的标准可供通过咖啡豆的颜色来判断其烘焙度。最好的方法是记下第一爆的时间，由此来确定整个烘焙时长。

烘焙与咖啡因含量

生豆中的咖啡因含量（阿拉比卡种为 0.6%—2%）是基本稳定的，几乎不会随着烘焙度而变化（损失率约 10%）。只是，随着烘焙的不断进行，咖啡豆的重量会下降（损失率 11%—22%），因此咖啡因的比重自然提高。

时下流行的是浅烘焙

烘焙程度太深，咖啡的香气会被烘焙的味道（焦糖味，甚至烟熏味、苦味和焦味）所掩盖。只有浅度烘焙才能保留咖啡的芬芳。烘焙师要烘焙出他所期望的独特咖啡香，就必须做出妥协。比如，如果希望酸味能从各种味道中脱颖而出，就必须牺牲醇度。

散发度

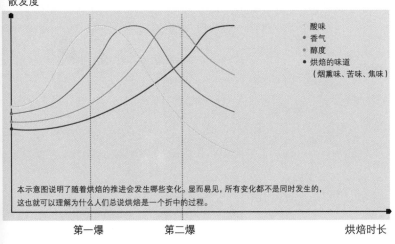

酸味
- 香气
- 醇度
- 烘焙的味道
  （烟熏味、苦味、焦味）

本示意图说明了随着烘焙的推进会发生哪些变化。显而易见，所有变化都不是同时发生的，这也就可以理解为什么人们总说烘焙是一个折中的过程。

第一爆　　第二爆　　　　　　　　烘焙时长

受人喜爱的酸味！

适度的烘焙为的就是首先释放出咖啡豆中的天然酸味。烘焙中所产生的热量会在很大程度上破坏咖啡中的 40 余种酸味（都是被视为有益酸性物质的著名多酚），它们会分解成奎宁酸和咖啡酸这两种收敛性成分。其他多数有机酸，例如柠檬酸和苹果酸，会通过浅度烘焙达到最大浓度，之后随着烘焙时间的延长而逐渐减少。这就解释了为什么快速浅烘焙能够更好地释放咖啡生豆中所蕴含的酸味。

烘焙风格

要得到一杯好喝的咖啡，不是只有一种烘焙方式。
咖啡烘焙师通过灵活调节温度和烘焙时长，
可以让每一款咖啡豆的风味与香气都恰到好处地融合在一起。

烘焙曲线

每一款咖啡生豆都包孕着独属于它的气味和芳香，来自于它生长的土壤、所属品种、采用的种植和培育方式，等等。烘焙师所要做的，就是让它的潜质展现得淋漓尽致。时间和热度不足以决定烘焙质量，因为咖啡烘焙不仅仅只是简单的焙炒，还要求独特的温度变化，这些都被称为烘焙条件。在充分利用这些条件的基础上，烘焙师将咖啡豆的优点无限放大（烈度、酸味、醇度、甜味、后味……）。故而，两款一模一样的咖啡豆也能做出两杯截然不同的咖啡，一杯偏酸，另一杯则有浓浓香料香，醇度也更高。烘焙师用自己的方式"诠释"着咖啡。

要注意，披袈裟的并不都是和尚！*

两种颜色相同的咖啡豆会呈现相同的烘焙曲线吗？当然不。事实上，即便咖啡豆的最终烘焙色泽一样，或者烘焙温度，甚至烘焙开始和结束时的温度都一样，也无法得到完全一致的烘焙曲线，更别提最终制作出的咖啡了。咖啡豆的最终成色只是烘焙程度的一个参考指标，烘焙曲线才是烘焙过程的完整体现。烘焙曲线不同，两种看似相同的咖啡豆也能制作出两杯截然不同的咖啡。

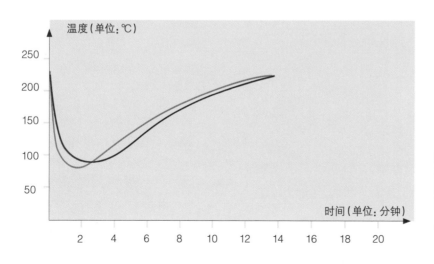

这是两条不同的烘焙曲线。它们的起点和终点都相同，但可以看出，即便采用同样的制作方法，也会得出完全不同的风味结果。

* 这是一句法语谚语，意为"不要以貌取人

不同的咖啡豆需要不同的烘焙方法吗？

有些咖啡生豆需要依据冲泡方法进行合适的烘焙，但还有些咖啡生豆更适合独特的烘焙方法。

配合咖啡豆的烘焙

有些咖啡豆更适合独特的烘焙方法。对于它们而言，烘焙师只会采用一种烘焙法，之后由咖啡师在制作咖啡时，依据其特性而采用不同的冲泡方法。

配合冲泡方法的烘焙

咖啡的冲泡方法制约着其口感的平衡。同一款咖啡豆，因为制作方法不同，味道也会不同：如果浸泡 3 分钟制成滴滤式咖啡，则苦味偏重；如果花 20—30 秒萃取成意式浓缩，则酸味偏重。为了防止酸味／苦味失衡，烘焙师们会依据冲泡方法的不同改变焙炒方式。

同样的生豆，因为冲泡方法的不同而采用不同的烘焙方法

配合消费者需求的烘焙

每个国家都有自己的品鉴和烘焙习惯。例如，北欧国家的消费者几乎都是手冲咖啡的行家里手，喜欢购买浅烘焙的咖啡；而地中海国家的人更偏爱意式浓缩，故更热衷于购买深烘焙的咖啡。有时，即便是同一个国家，不同地区的口味偏好也会有明显差异：比如在意大利，南方人就比北方人更偏爱深烘焙。

综合咖啡还是单品咖啡？

总的来说，咖啡豆成品分两种：
单一品项的（单品咖啡），或者几个品种的咖啡豆混合而成的（综合咖啡）。

单品咖啡

对单品咖啡的定义有好多种，其中得到最广泛认可的是指单一产地的咖啡豆，比如某个特定农庄所种植的咖啡豆。由此延伸开来，来自不同农庄，但在同一个水洗场内进行处理的咖啡豆，也可以被认为是单品咖啡。

单品咖啡的特点是单一且极具代表性，适合内行品鉴：通过咖啡豆，他能准确识别并判断出其风土（土壤性质、气候、日晒情况等）、种植、采收，甚至处理过程。

超纯单品？

对某些"纯粹主义者"来说，所谓单品咖啡不应只是源于某一单一地域，还应该是单独的品种，也就是说这款咖啡只属于一个特定的品种。这一近乎极端的要求尚有争议，尤其是作为可持续农业的标准时，显得过于苛刻了。因为对于种植者来说，同时种植几个品种是很正常的：在属于他的土地上根据不同海拔种植若干品种，可以规避风险，防止所有咖啡同时遭受病虫害而颗粒无收。并且，因着不同变种的混合杂交，还能得到风味独特的咖啡。

综合咖啡

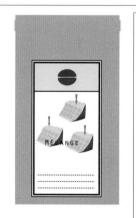

英语中称为"blend"，它是来自不同产地（地区、国家）的咖啡豆的混合品。咖啡豆加工之后，通过调整不同品种的比例，使其综合口感更加均衡，也让消费者品尝到风味一致的咖啡。不仅如此，好的综合咖啡会比其中任何一款单一咖啡都口感更佳。

巴尔扎克也曾自制综合咖啡

巴尔扎克在《论现代兴奋剂》（Traité des excitants modernes）中表现出对咖啡的热衷。他甚至用在巴黎买到的各种咖啡豆，自己制作综合咖啡："在蒙布朗街（昂坦大道）买波旁种咖啡；在老奥德叶街的一家香料商那里买马提尼克——这位香料商的生意总是好得出奇；在圣日耳曼区大学街上的另一家香料店买摩卡。"（莱奥·戈兹朗，《穿拖鞋的巴尔扎克》）

单品咖啡、综合咖啡，分别适合不同的制作方法？

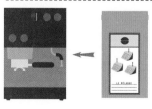

使用综合咖啡更有可能得到一杯制作简单、口感平衡的意式浓缩。一旦混配得当，综合咖啡就能融合各款咖啡豆的优点（巴西豆的甘甜、埃塞俄比亚豆的酸味和芳香等），弥补制作过程的不足，以及家用意式咖啡机的不稳定性。

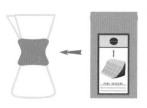

手冲的方式会让咖啡精妙的口感展现得淋漓尽致，因此专为这种制作方法而生产的精品咖啡多为单品咖啡。但是，也有不少烘焙师提议在手冲制作中使用综合咖啡，以便更好地增添复杂的香气。

自制综合咖啡

每个人都可以做出属于自己的综合咖啡！

只需要三步：明确目标、挑选品种、找到合适的混配比例，剩下的就全凭个人喜好了。

明确目标

在制作综合咖啡之前，首先要确定咖啡的制作方式，也就是说，综合咖啡调配出来以后将被用来做什么（意式浓缩、卡布奇诺、手冲咖啡等），以及希望赋予这款综合咖啡的风味（复杂的香气、醇厚的口感、果香、平衡感等）。

> ### 专业杯测法
> 最为专业的方法是对咖啡进行杯测（参见120—121页），即分杯逐个品评，探索不同咖啡之间可以如何相互借鉴、搭配。

挑选不同产地的咖啡豆

产自中美洲的咖啡豆

哥斯达黎加、萨尔瓦多和危地马拉的咖啡豆，都极适合制作意式浓缩。

优点：香气复杂，酸味明晰。

比例：品质最好的甚至可以作为单品咖啡来品尝。

结果：风味绝佳，口感平衡。

产自南美洲的咖啡豆

用于制作意式浓缩的综合咖啡多以此为基础混配而成。

优点：口感温和，醇度佳，够清澈，酸味适中，香气比较中性。

比例：大；有些综合咖啡100%使用产自南美洲的豆子。

结果：原材料易得，更易于制作综合咖啡。

产自非洲的咖啡豆

优点：口感鲜明，有果香、花香、酸味（以肯尼亚咖啡为最佳），芳香馥郁。

结果：除了坦桑尼亚若干品种的豆子之外，醇度普遍不够，而坦桑尼亚豆的某些特性又与中美洲的咖啡豆尤其危地马拉豆过于接近。

产自亚洲的咖啡豆

优点：醇度佳（越南、印尼产咖啡豆），味道好，风味独特，含碘。还有带来不可思议口感的马拉巴季风咖啡豆（参见173页）。

找到合适的比例

最好选择3—4种咖啡豆进行混合。如果超过4种，混合后每种豆子的优点就会大打折扣，所谓的混合也就失去了意义。

首先，对每种咖啡豆都采用相同的比例（如果是两种，那么就各占50%；如果是三种，就是各占1/3；以此类推）。

- 如果其中一种豆子的口味过于突出
→将其分量减半。
- 如果其中一种豆子的口味过淡
→将其分量增加一倍。

混配示例：

50%巴西豆＋25%危地马拉豆＋25%埃塞俄比亚豆

读懂咖啡包装袋标识

很显然，如今人们随时随地都能买到咖啡豆，
无论是在大商场还是咖啡馆，乃至咖啡烘焙工坊和专业的咖啡网站上，都能买到。
为了更好地购得符合自己预期的豆子，读懂咖啡包装袋上的标识就显得十分必要了。

解密标签

咖啡包装袋上的标签所透露出的信息能帮助我们挑选质量上乘的咖啡豆。

单向阀

被固定在隔热包装袋上，能够将咖啡豆产生的二氧化碳排出，同时阻隔外部气体进入（以防氧化）。

生产追踪管理系统（traçabilité）*

标明咖啡的产地、所在地区、种植者、采收年份（杜绝"旧豆"，参见 119、136 页）。

建议采用的制作方式

依据产地、品种和烘焙程度的不同，建议这包咖啡豆更适合制作意式浓缩还是滴滤式咖啡。

重量

在法国，一袋咖啡豆的标准重量是 250 克，不过，人们仍可以购买到 300 克、500 克，甚至 1000 克装的豆子（前提是得到专业保存）。

封口

有些包装袋是可以反复开封的，有助于咖啡豆的保存。

来源认证

依据咖啡的产地、处理场、农场、生产者和生产份额而定。

补充说明

咖啡豆生长的海拔、品种、处理过程等。

烘焙日期

咖啡豆注重新鲜，在烘焙结束 5 日之后，适合制作手冲咖啡，而至少 1 周后（最好是 2—3 周后）才适用制作意式浓缩。

保质期

所谓保质期，即最佳赏味期，以作提醒。如果方法得当，有些咖啡豆可以保存得更久。当然，最好还是要喝啊……

咖啡

克鲁塞罗庄园 巴西	
席拉多地区	海拔 1000M
种植者 C. 奥托尼	变种
2015年采收	处理方式：干燥式
烘焙日期：	2016年4月7日
	250 G	3 MOIS

警惕市场陷阱

"咖啡浓度"

这样的表述（通常伴随以数字标注的等级划分，或是一些类似"浓烈""清淡"的字眼）更多是为了迎合市场需求，并不代表咖啡的口感。口感是否强劲，取决于咖啡粉量及所采用的制作方法。在批发型咖啡的包装袋上，所谓"浓度"其实是"烘焙度"或"咖啡粉精细度"的代名词，换句话说，它意味着苦味的程度。

"100% 阿拉比卡"

好咖啡基本都源自阿拉比卡种。

"慢烘焙"

诚然，慢烘焙要优于闪电式快速烘焙，但并不意味着就一定更好。在一定条件下，烘焙 12 分钟的结果会优于 18 分钟。所以，慢烘焙并不意味高品质。

品尝一杯精品咖啡

购买现成的咖啡粉并不能保证质量，也无法长久保存。
若想喝到烘焙得恰到好处且新鲜美味的咖啡，最好求助于咖啡领域的专家们。

去烘焙工坊

烘焙师是匠心独具的手艺人，他不仅能让你了解烘焙时间、种植条件、香气种类，还会告诉你什么样的制作方式更匹配他所烘焙出的咖啡豆。根据顾客的要求，他还会建议烘焙好的咖啡豆在磨成粉时的研磨度。

一名好的烘焙师是这样的：

①将咖啡豆置于室温中保存，用咖啡豆桶或是其他特制容器盛装咖啡豆。
②经他手烘焙过的咖啡豆呈略浅的栗色，表明烘焙的火候掌控得恰到好处。
③说明标签不宜过长（不超过 15 项），只要确保咖啡豆的新鲜程度和对烘焙曲线的掌握即可。

这样的烘焙师应尽量避免：

①一袋袋咖啡生豆直接靠着玻璃窗摆放在地上，表明贮存条件不够理想，会缩短豆子的保质期。
②采收日期显示是上一季的豆子，说明是"旧豆"。
③烘焙好的咖啡豆颜色较深，表面附着发亮的油脂，说明烘焙过度，做好的咖啡可能会过苦。

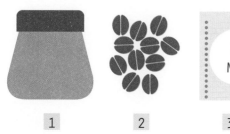

1

2

3

1

2

3

去咖啡馆

咖啡师与烘焙师通力合作，致力于出售品质极佳的咖啡豆，有时你还可以选择现场品尝。他们会告诉你不同咖啡豆的相关信息——因为那都是他们亲自挑选出来的，还会建议你应该采取何种制作方法。要好好把握这样的机会哟！

"卓越杯"咖啡大赛

创立于 1999 年的"卓越杯"咖啡大赛（Cup of excellence），是世界各大咖啡协会联合咖啡种植国政府和非政府组织共同举办的竞赛。经过国际专家们的品鉴，获奖咖啡将在网上进行拍卖。种植者可因此收获赞誉，而购买到拥有大赛头衔的咖啡，对消费者而言也是品质保证。

在家保存咖啡豆

咖啡生豆是一种脆弱的产品，不易保存。
经过烘焙，它会变得更加脆弱。
为了尽可能"锁住"咖啡的香气，消费者应该注意以下几点。

虽不易变质，但依旧脆弱

咖啡是一种不易变质的产品，也就是说，即便过了最佳赏味期，也依然对消费者无害。这与易变质的产品截然不同，后者应尽量在保质期内食用。过了最佳赏味期的咖啡只是口感和营养得不到保证罢了。无论是咖啡豆还是咖啡粉，保存条件都一样。尽管如此，咖啡粉还是比咖啡豆更容易"坏"，因为它与空气接触的表面积更大，而且在研磨过程中释放了二氧化碳，那可是咖啡豆内部的天然保护伞（其压力可以阻隔氧气）。

咖啡豆不喜欢
● 高温
● 氧气
● 潮湿
● 过于干燥
● 光照

保存在哪儿

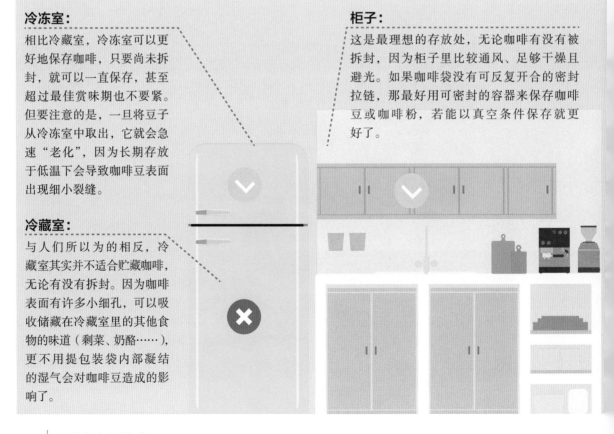

冷冻室：
相比冷藏室，冷冻室可以更好地保存咖啡，只要尚未拆封，就可以一直保存，甚至超过最佳赏味期也不要紧。但要注意的是，一旦将豆子从冷冻室中取出，它就会急速"老化"，因为长期存放于低温下会导致咖啡豆表面出现细小裂缝。

冷藏室：
与人们所以为的相反，冷藏室其实并不适合贮藏咖啡，无论有没有拆封。因为咖啡表面有许多小细孔，可以吸收储藏在冷藏室里的其他食物的味道（剩菜、奶酪……），更不用提包装袋内部凝结的湿气会对咖啡豆造成的影响了。

柜子：
这是最理想的存放处，无论咖啡有没有被拆封，因为柜子里比较通风、足够干燥且避光。如果咖啡袋没有可反复开合的密封拉链，那最好用可密封的容器来保存咖啡豆或咖啡粉，若能以真空条件保存就更好了。

咖啡的包装

随着时代的进步，咖啡包装也在不断改进，为的是尽可能长时间令咖啡豆保持新鲜。

牛皮纸或多层纸制的包装袋

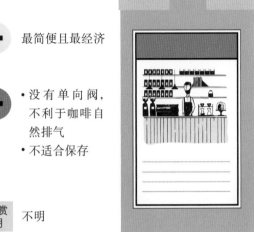

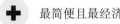 最简便且最经济

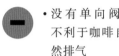
- 没有单向阀，不利于咖啡自然排气
- 不适合保存

最佳赏味期 不明

带密封拉链和单向阀的包装袋

UTILISÉ PAR
LA MAJORITÉ
DES TORRÉFACTEURS
ARTISANAUX
SOUCIEUX
DE MAINTENIR
LA FRAÎCHEUR
DE LEUR CAFÉ.

- 保存条件良好
- 可反复开合

＋ 贵

最佳赏味期 干燥密封的情况下可达 3 个月。一旦开封，咖啡豆会在几天内"变老"。

充入氮气的加压包装

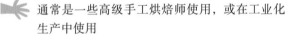

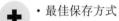 通常是一些高级手工烘焙师使用，或在工业化生产中使用

＋
- 最佳保存方式
- 氮气是中性气体，可以代替氧气，防止豆子被氧化
- 配有排气用的单向阀

− 设备与运输成本太高

最佳赏味期 很久，可长达 1 年

配有或是不配单向阀的真空包装

通常在工业化生产中使用

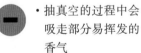

＋
- 正确的保存方式

−
- 抽真空的过程中会吸走部分易挥发的香气
- 不可反复开合

最佳赏味期 不开封保存期可达 3 个月。一旦开封，咖啡豆会在几天内"变老"。

杯测

为了评估咖啡豆的质量及其稳定性，工业化生产中引入了一种标准品鉴法，即"杯测"。这是一种简单而有趣的方法，就算在家里也可以试着用它来品鉴咖啡豆。

何为杯测？

杯测用于评估定量的、经过浸泡但尚未过滤的咖啡粉，以便：
• 通过一份或几份测试样品，评估咖啡的质量及其芳香情况。
• 发现咖啡可能存在的不足。
• 为将不同的咖啡豆混合起来制作综合咖啡提供参考。
这种方法是购买者在挑选咖啡生豆时所采用的基本方法。

用具和要素

为了让所得结果更加有效，也为了让各领域的专业人士（种植者、生豆采购者、烘焙师）更好对话，杯测应严格遵循国际标准中所规定的诸项要素。

杯测碗或200毫升玻璃杯

杯测勺（容量为8—10毫升的银制圆形汤勺，用于快速散热）

电子秤：每一杯待测咖啡都是由12克的咖啡豆磨制成粉

磨豆机

细嘴壶中倒入200毫升矿泉水，最好用富维克矿泉水或蒙特卡姆矿泉水，将水加热至92—95℃。

定时器：需浸泡4分钟

品鉴记录

方法

测干香

用磨豆机将定量的咖啡豆磨成粉，接着闻一闻咖啡粉所散发出的香气。是否带着清香？香味是否让人愉悦？是一种怎样的香味？这个过程需快速进行，因为香气易挥发，难以持久。在研磨不同咖啡豆样品前，要将磨豆机清理干净，方法可以是先丢几颗待测的咖啡豆进去研磨。

测湿香

向咖啡粉中注入热水，启动定时器。咖啡粉会浮至表面，结成粉层。放置4分钟，让香气充分释出。

用杯测勺的背部拨开粉层，搅动3次。之后将鼻子凑近杯测碗，深吸一口气，闻一闻粉层中所蕴含的香气。

有一部分咖啡粉会落入碗底。用杯测勺捞去表面的粉层，每捞一次都要用另一杯水清洗一下杯测勺——尤其当两个杯测碗中装的是不同咖啡时。

品鉴记录

无论做何种评估，都需要记录下品鉴过程中的印象和感觉。咖啡杯测也有需要填写的各项评判参数：

品味不同温度下的咖啡，直到完全凉透

用杯测勺从杯测碗中盛取一勺咖啡液，快速啜饮，让咖啡在舌尖弥漫开来，同时通过鼻后嗅觉辨别不同香气。还要通过口舌的触感品评：咖啡够不够醇厚？有没有油脂？还是稀稀拉拉的，像茶一样？唇齿间留下的味道是否令人愉悦？会持续很久还是很快消失？

香味（干粉）：1—5

说明：草木香、谷物香、坚果香、水果香、莓果香、热带果香……

香味（湿粉）：1—5

说明：草木香、谷物香、坚果香、水果香、莓果香、热带果香……

风味：1—5

说明：草木香、谷物香、坚果香、水果香、莓果香、热带果香……

口中持久度：1—5

酸度：1—5

浓度（弱—强）

醇度：1—5（清淡—浓稠）

一致性：1—5

平衡度：1—5

清澈度：1—5

甜度：1—5

品鉴风味环

这个风味环能够帮助品鉴者更好地分辨出咖啡的风味和香气，既可以单独使用，也可以结合其他的感官词汇共同使用，以描述出每一种香气和味道，以及它们的浓烈程度，为每一位制作咖啡的人提供参考。

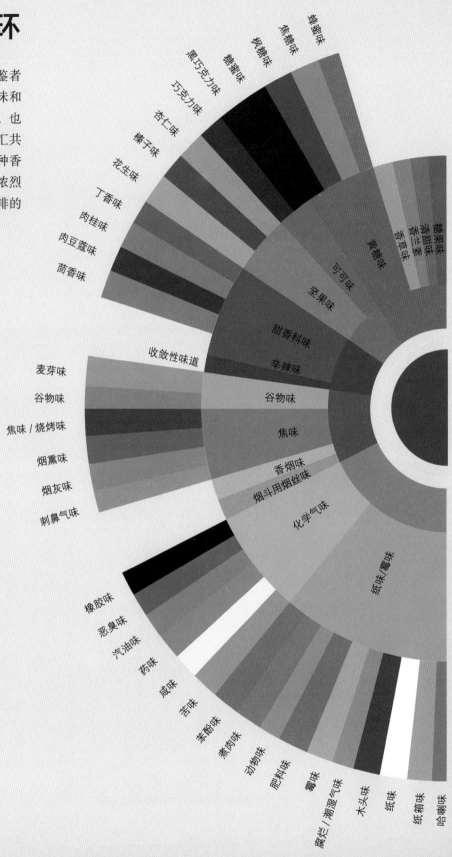

洋甘菊味
玫瑰味
茉莉味
黑莓味
覆盆子味
蓝莓味
草莓味
葡萄干味
李子干味
椰子味
樱桃味
石榴味
凤梨味
葡萄味
苹果味
桃味
梨味
葡萄柚味
橘子味
柠檬味
青柠味
酸香味
醋酸味
丁酸味
异戊酸味
柠檬酸味
苹果酸味
红酒味
威士忌味
发酵味
熟透味

红茶味
花香味
莓果味
干果味
其他水果味
柑橘味
酸味
酒精/发酵味
褐色黏油味
生霉味
如霉味尘埃味
如霉土壤味
如霉灰尘味

如动物味
如肉汤味
如麝香味
如皮革味
如湿土/湿木/霉味
未烘焙植物味

©美国精品咖啡协会（Specialty Coffee Association of America）
©世界咖啡研究会（World Coffee Research）

低因咖啡

咖啡的主要功效之一是刺激大脑，提高其活力。

然而，对于某些消费者来说，这些优点恰恰成了不尽如人意的瑕疵。

为解决这个问题，人们采用不同的方法去除咖啡因。

基本原理

咖啡因于 1819 年被德国化学家弗里德利布·费迪南德·伦格（Friedlieb Ferdinand Runge）发现。从 19 世纪末开始，人们就针对限制咖啡因的作用展开研究，甚至希望能在保留咖啡其他成分的前提下去除咖啡因。1903 年，咖啡商路德维希·罗泽柳斯（Ludwig Roselius）首次完成了去咖啡因。从那以后，相关方法不断改进。可无论怎样变化，去咖啡因的工序都是作用于烘焙前脆弱的生豆上，经此环节，咖啡豆的香气无论如何都会受到影响。

化学溶剂去因法（常用方法）

利用化学溶剂去除咖啡因的方法有两种。

直接法：

①用蒸汽将咖啡生豆蒸湿，或直接浸泡于热水中，以便让生豆中的细孔打开。

②加入溶剂，开始去咖啡因。

③接着冲洗咖啡豆，尽可能去除附着于表面的溶剂。

④干燥咖啡豆，准备烘焙。

间接法：

咖啡生豆不直接接触化学溶剂。

①将咖啡生豆浸泡于滚烫的水中，这一步可以将其中的可溶解物质萃取出来。

②将咖啡豆捞出，浸满萃取物的溶液倒入另一个容器，再用化学溶剂分离出其中的咖啡因。

③加热溶液，通过蒸发作用去除溶剂中所含的咖啡因。

④再次将咖啡生豆浸于水中，让第一步中所萃取出的各种成分"回归"到生豆上。

瑞士水处理法（SWP）

这种方法无须化学溶剂。它于 1933 年被发明，并于 20 世纪 80 年代进入市场，注册商标为"瑞士水处理法"（Swiss Water® Process）

①取一批咖啡生豆浸于滚烫的水中，以萃取出其中的咖啡因及所有芳香成分。

②用活性炭过滤浸满了萃取物质的溶液，炭滤网将过滤掉分子较大的咖啡因。这批被去除了咖啡因、芳香及其他物质的咖啡生豆便被弃之不用。

③将第二批数量相当的咖啡生豆倒入上一步骤中已去除咖啡因的溶液中，溶液将只会吸收豆子中的咖啡因，芳香成分依然留在第二批生豆中。

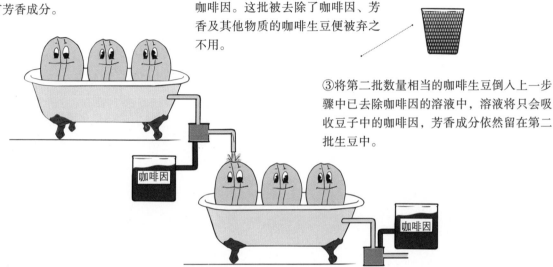

④再次用活性炭过滤一遍此时的溶液，滤掉其中的咖啡因，准备迎接第三批咖啡生豆。记得将第二批生豆进行干燥处理。

二氧化碳法

这一方法近些年才被研制出来（且比较昂贵）。它所利用的是在温度为 31℃时、高压（200 巴）作用下的二氧化碳。此时的二氧化碳密度接近于水，被称为超临界二氧化碳。

①首先在容器中将咖啡豆浸湿。

②加入超临界二氧化碳，萃取出生豆中的咖啡因。为了有效去除，这一过程会分为好几个阶段，而这种方法只会去除咖啡因，并不影响咖啡豆中的其他物质。

③接着将携带着咖啡因的二氧化碳导入另一个容器中。在那里，因为压力的降低，二氧化碳将变回气体。同时回收咖啡因。

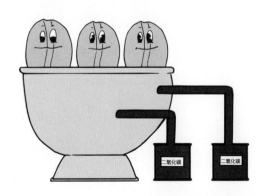

④对去除了咖啡因的生豆进行干燥处理。

种植

咖啡的种植

被制成饮品前的咖啡生豆，是咖啡树所结果实的种子。

和可可一样，咖啡也是一种"舶来的"农产品，它只能被种植在地球上的特定区域。

咖啡果

咖啡豆是咖啡果所包含的种子。一般来说，一颗咖啡果会包含两粒种子，不过有时候也只有一粒（被称为圆豆［peaberry］或公豆［caracoli］），甚至一粒都没有，或者包含两粒以上也有可能。咖啡果最初是绿色的，在成熟过程中，渐渐变成红色或黄色，甚至橘色，依品种不同而颜色各异。

内果皮	果胶层
内果皮是咖啡果内包裹着种子的硬壳。其作用是保护里面的种子。	果胶层是附着在内果皮上的胶状黏稠物。

历史小知识

据推测，咖啡起源于阿比西尼亚帝国时期，生长在埃塞俄比亚高原上。我们无法准确指出人类发现咖啡树的时间，但是据说埃塞俄比亚人很早就懂得从咖啡果肉中萃取果汁。据一些文献记载，咖啡约在 10 世纪时跨越了红海，之后因其显著的提神效果而在阿拉伯—伊斯兰国家大受欢迎，因为这些国家对酒精饮品是明令禁止的。到了 15 世纪，咖啡被传入奥斯曼帝国，并于 17 世纪传入西方。

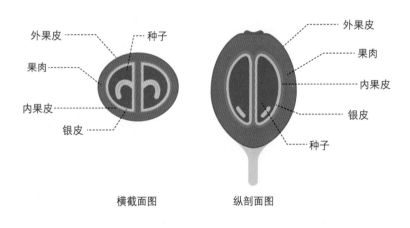

横截面图　　　　纵剖面图

北回归线

赤道

南回归线

产量这么少！

一棵咖啡树每年可产 1.4—2.5 千克咖啡果（其中某些品种的产量会高于其他），这意味着应有 266—475 克的咖啡生豆，可以烘出 204—365 克咖啡豆。所以说，一棵咖啡树上收获的咖啡豆少得可怜，某些情况下，甚至不足 250 克（单袋标准包装）！

阿拉比卡种咖啡的种植条件

种植阿拉比卡种，只能在热带地区，即南北回归线之间的地带。

在亚热带地区，咖啡被种植在海拔 600—1200 米的地带。这里雨季和旱季分明，每年只有一次收成。

在热带地区，咖啡被种植在海拔 1200—2400 米的地带。这里雨水充沛，使得花期持续不断，可有两次收成（第一次在雨水丰沛的时节，第二次通常在雨量偏少的季节，收成略少）。

对咖啡越好，也会令环境越佳

尽管某些品种的咖啡树需要阳光直射，可绝大多数咖啡树仍偏爱阴凉。因此，多数种植者都会在咖啡树周围种上香蕉树、番木瓜树或其他果树，以便为咖啡树苗提供最自然的荫蔽，保护它们免遭阳光暴晒，同时防范大风和冰雹。此外，尽管以下这一点还未得到科学证实，但果树与咖啡树在同一片土地上的共生环境，也使得咖啡豆更加芳香馥郁。与单植株种植相比，混杂式种植也为生物多样性做出了杰出贡献（防止土地腐化，保护了本地的昆虫和鸟类……）。

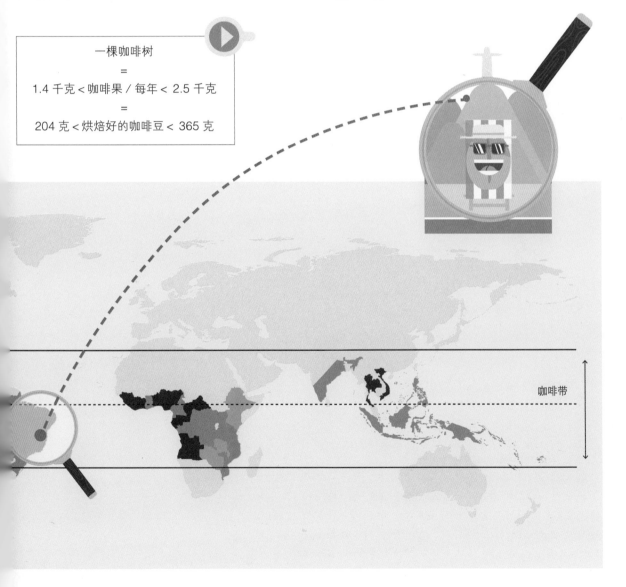

一棵咖啡树
=
1.4 千克 < 咖啡果 / 每年 < 2.5 千克
=
204 克 < 烘焙好的咖啡豆 < 365 克

咖啡带

咖啡树的生长周期

咖啡种植者要有足够的耐心，因为从播种开始算起，一棵咖啡树至少需要三年才能结果。
更何况，有时一等就是五年。

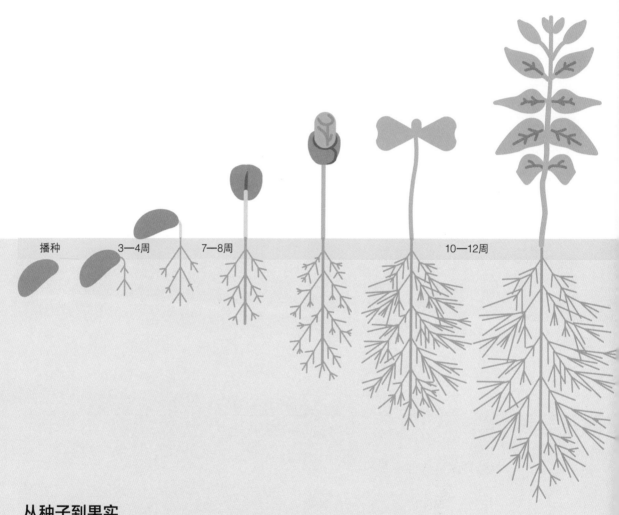

播种   3—4周   7—8周   10—12周

从种子到果实

在适宜的条件下，咖啡树的种子会在 3—4 周内发芽，长出根须，之后幼苗从内果皮顶端冒出，3—4 周后便会破土而出。10—12 周后，内果皮脱落，让位于树叶，这些树叶通常是两边对称生长，呈深绿色。咖啡树继续生长，3—5 年之后开始结果。

40—60 厘米

2—3 米

6—9 个月

3—5 年

花期

咖啡树的花期通常在雨后开始，之后还需 6—9 个月果实才能渐渐
成熟，可供采收。如果第一场雨下得断断续续，那么果实就会呈现
出不同的成熟速度。于是，同一条树枝上就既有红色的果实，又有
绿色的果实。这就需要经过若干次仔细的人工采摘，才能将所有成
熟的果实采收完毕。

同一条树枝上成熟度
各不相同的咖啡果。

早起的鸟儿有咖啡喝

咖啡种子的发芽能力会随着时间而退化：如果种子的保存时间不足 3 个月，那么
发芽率为 95%；3 个月之后，这个比率会降至 75%；9 个月后，降到 25%；15
个月后，那就基本不会发芽了。如果将咖啡种子保存在 15℃ 且真空的条件下，那
么其发芽率能够有所延长，不过最多也只有 6 个月。

种植漫谈

我们在前面所看到的咖啡生长周期只是理论上的，
一旦落到实处，需要注意诸多微小细节，于是关于种植也有诸多内容可讨论。

植株的繁殖

咖啡树有两种无性繁殖方式：扦插和播种。

扦插

所谓扦插，就是要选取并种植一株插穗（插穗的枝头要有两片对称生长的
树叶，扦插时要将叶片剪去一半）。一旦长出根须和新的树叶，就意味着
扦插成功了，后续生长过程与播种种植是一致的。作为一种无性繁殖方式，
通过扦插长成的植株与它们的原生植株有着完全相同的基因。

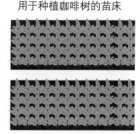

咖啡树的扦插

播种

如果采用播种法，就需要挑选出完全成熟的果实，以确保最优发芽率。剥
去它们的果肉，进行短期发酵（不超过 10 小时），再将它们晒干，使之达
到适合种植的条件。这些种子通常先进行箱内培植，使用的是有助于咖啡
树生长的堆肥（都是易于吸收又有营养的肥料）。

苗床育苗

无论扦插还是播种，通常最初都采用苗床育苗，而不是直接种植于田间，这有助于为幼苗营造有利的环境，起
到更好的保护作用（防止恶劣天候、适当的荫蔽、良好的浇灌）。等到植株长得足够强壮，高度达到 40—60 厘米，
有了 10 余对树叶，就可以移植到田间继续生长。

用于种植咖啡树的苗床

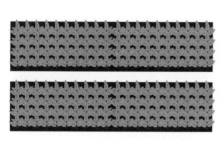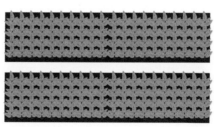

咖啡树如何传粉？

主要借助于风力进行传粉，因为阿拉比卡种咖啡树
本就是一种自花传粉的小灌木。昆虫在传粉过程中
所发挥的作用十分有限（仅占 5%—10%）。

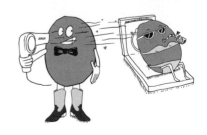

海拔高度决定咖啡风味

海拔越高，气候越凉，咖啡果的成熟速度也就越慢，结出的咖啡豆的密度也越高。同时，海拔越高，咖啡豆的酸味就越明晰，香气越馥郁，口感越好。

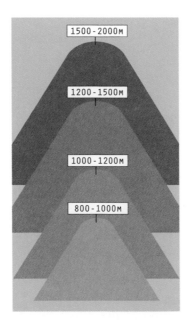

海拔对香气的影响：

1500—2000 米：花香、香料香、果香，酸味明晰，香气较复杂

1200—1500 米：有酸味，芳香浓郁

1000—1200 米：酸味较弱，风味圆润

800—1000 米：无酸味，无复杂香气

咖啡树的天敌

阿拉比卡种咖啡树会遭遇各种自然灾害（病菌、虫害等），然而，最大的两个敌人是叶锈病（Hemileia vastatrix）和棘胫小蠹（Hypothenemus hampei）。

叶锈病

叶锈病于 19 世纪在斯里兰卡出现，时至今日已几乎蔓延至所有咖啡种植国。这种细菌会在雨季时附着于树叶上，阻止光合作用，直至叶片凋零。咖啡树会因此变得越来越虚弱，进而停止生长。为了对付这种会严重影响收成的病菌，种植者们通常会利用杂交方式，培育出抵抗力更强的变种。

棘胫小蠹

棘胫小蠹是一种体形很小的鞘翅目昆虫（母虫长约 2.5 毫米，公虫长约 1.5 毫米）。这种最初在非洲发现的昆虫，现在已遍及世界大部分咖啡种植国。母虫会钻进尚未成熟的咖啡果中产卵。之后，幼虫便在咖啡果中依靠啃食咖啡豆而生。

种植有机咖啡

"有机"对于咖啡种植者们来说并不容易做到，因为他们不可避免要在标准范围内使用杀虫剂。站在品鉴者的角度来说，有机与否其实并不会影响咖啡的品质，因此并非影响种植的有效标准。可在有些国家，比如埃塞俄比亚，还是会有些小种植者并不使用化学肥料，因为其成本过高。于是他们便致力于所谓的"绿色农业"，但并未得到有机农业的认证。在巴西这个世界最大的咖啡种植国里，有些种植者，如福塔莱萨庄园（Fazenda Ambiental Fortaleza），就是以有机的方式种植咖啡的。

被叶锈病感染的树叶

棘胫小蠹

咖啡品种

咖啡——准确地说是阿拉比卡种咖啡——在被种植的几个世纪以来，拥有了越来越多的品种。
这是一项收益颇丰的产业，再加上为了得到一份杯中佳饮，
区分并研究不同土壤上可能种植出的品种还是十分重要的。

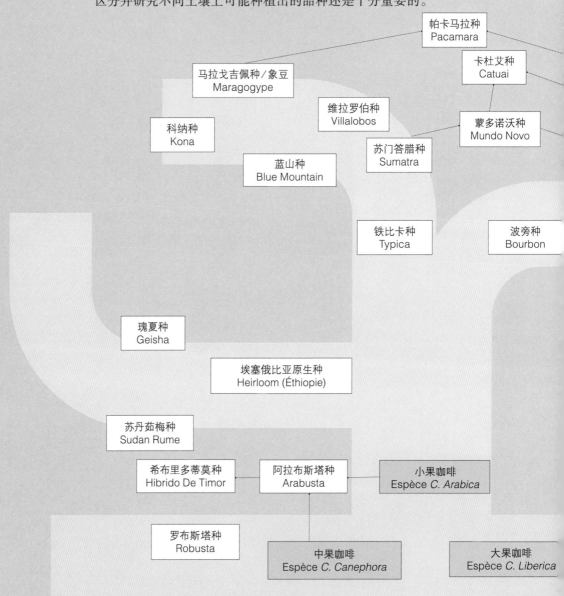

帕卡马拉种
Pacamara

卡杜艾种
Catuai

马拉戈吉佩种／象豆
Maragogype

维拉罗伯种
Villalobos

蒙多诺沃种
Mundo Novo

科纳种
Kona

苏门答腊种
Sumatra

蓝山种
Blue Mountain

铁比卡种
Typica

波旁种
Bourbon

瑰夏种
Geisha

埃塞俄比亚原生种
Heirloom (Éthiopie)

苏丹茹梅种
Sudan Rume

希布里多蒂莫种
Hibrido De Timor

阿拉布斯塔种
Arabusta

小果咖啡
Espèce *C. Arabica*

罗布斯塔种
Robusta

中果咖啡
Espèce *C. Canephora*

大果咖啡
Espèce *C. Liberica*

茜草科
Famille Rubiacées

何为变种？

变种在植物学上指"种"以下的分类级别。阿拉比卡种和刚果种是两种咖啡树。变种与原种——就像铁比卡种之于阿拉比卡种——在个体特征上呈现出一定差异（比如果实大小有差异）。依据实际情况，变种可经由突变或杂交形成。

突变

突变是指与原种相比所发生的形态上的改变（植株、叶片、果实的大小／形状）。如果从经过突变的植株上所得到的种子长成后依然保留着这些新特点，就可以认定为新的变种。

杂交

杂交是两个变种融合后的新品种，这种杂交既可能出自天然，也可能是人为改良。

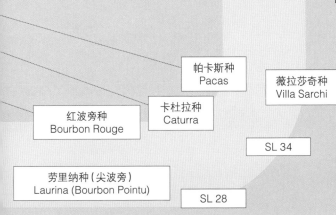

帕卡斯种
Pacas

薇拉莎奇种
Villa Sarchi

红波旁种
Bourbon Rouge

卡杜拉种
Caturra

SL 34

劳里纳种（尖波旁）
Laurina (Bourbon Pointu)

SL 28

罗布斯塔种

事实上，准确地说，罗布斯塔种并非一个咖啡树种，而是刚果种的变种。人们之所以常常用罗布斯塔种指代刚果种，是因为与同属于刚果种的另外四个变种（蔻依萝种［Kouillou］、科尼伦种［Conilon］、吉墨种［Gimé］、尼亚欧里种［Niaouli］）相比，罗布斯塔种是最原始也是种植范围最广的变种。

利比里亚种
Liberica

著名的杂交品种

伊卡图种（Icatu）＝
（［阿拉比卡＋罗布斯塔］＋蒙多诺沃）＋卡杜艾

卡帝莫种（Catimor）＝
卡杜拉＋希布里多蒂莫

莎奇莫种（Sarchimor）＝
薇拉莎奇＋希布里多蒂莫

鲁依鲁 11 种（Ruiru 11）＝
苏丹茹梅＋希布里多蒂莫＋ SL 28 ＋ SL 34

希布里多蒂莫——一个独特的杂交品种

阿拉布斯塔种是刚果种和阿拉比卡种杂交而成。而在阿拉布斯塔种中，最早出现的、最主要也是最为常见的就是希布里多蒂莫种。它不仅抗病力强，而且风味强劲，因此也常被用于培育其他杂交品种。

咖啡生豆的季节性与新鲜度

咖啡生豆漂洋过海，从采收到被烘焙师装袋之前，要经过数次转手，
因此，很难将它视为一种应季的新鲜产品，
但是，季节性与新鲜度始终是用来评判精品咖啡质量好坏的重要标准。

季节性产品

依据种植地带的不同（亚热带或热带），咖啡的采收次数也有所区别（一年一次或一年两次；如果一年两次的话，那么第一次是"大收"，第二次就是"小收"）。采收期的长短依具体种植国而定，但不会持续一整年。因此，和所有农产品一样，咖啡也是"季节性产品"。为了更好地判断咖啡的季节性，也为了更好地挑选心仪的咖啡，有必要参照不同种植国的收获月历（见右页）。

没有年份讲究

与葡萄酒不同，咖啡并不依据年份来品鉴。但是，就像好主厨总是选择时鲜菜品来烹饪一样，精品咖啡烘焙师们更愿意选择"当季咖啡"。

关于新鲜度

咖啡生豆的新鲜度决定着其保质期，唯有在保质期内才能获得最佳风味。保质期可以持续几个月，有些情况下甚至可以长达一年。如果用真空密封袋包装好后冷冻起来，则还可以更久。但这种方法也有弊端：一是需要增加额外成本；二是一旦咖啡生豆解冻后，就会加速老化。

咖啡袋上的日期标识

通常情况下，咖啡袋上标明的是烘焙日期，而非采收日期。因此，想要知道的话，须咨询烘焙师。

"旧豆"和"老豆"

所谓"旧豆"（past crop），意指咖啡生豆不是当季的，而是上一收获季采收的。这样的生豆已进入衰退期，会失去原本的质感和风味。生豆中所包含的油脂会随着时间逐渐减少，生豆也会被氧化，含水量（约11%）也会下降。但如果贮存条件不佳，那么生豆的含水量也可能上升（即受潮），这样的咖啡会散发出一股浓烈的木头味，酸味大幅降低，有些保存不佳的咖啡豆还会散发黄麻布袋的味道（见42页），于是被叫作"老豆"。如果在原产地没有得到恰当的处理与储存，在烘焙前没有得到良好的运输与贮藏环境，那么，刚刚采收的咖啡生豆也可能变"老豆"。

采收月历

依据种植国的不同，咖啡每年可以收获一到两次。

从 144 页开始，你将会看到关于不同国家在咖啡种植细节上的更多内容。

国家	1月	2月	3月	4月	5月	6月	7月	8月	9月	10月	11月	12月
玻利维亚							■	■	■	■		
巴西					■	■	■	■				
布隆迪			■	■	■	■	■					
哥伦比亚	■	■	■			■	■	■		■	■	■
哥斯达黎加	■	■	■								■	■
萨尔瓦多	■	■								■	■	■
厄瓜多尔					■	■	■	■	■			
埃塞俄比亚	■	■									■	■
危地马拉	■	■	■									■
美国夏威夷州	■								■	■	■	
洪都拉斯	■	■	■								■	■
印度	■	■									■	■
印度尼西亚（苏拉威西岛）	■	■			■	■				■	■	■
印度尼西亚（苏门答腊岛）	■	■	■								■	■
牙买加	■								■	■	■	■
肯尼亚	■	■	■							■	■	■
法属留尼汪岛	■	■	■							■	■	
墨西哥	■	■	■	■								■
尼加拉瓜	■	■	■	■						■	■	■
巴拿马	■	■	■	■							■	■
秘鲁							■	■	■			
卢旺达			■	■	■	■	■					

传统处理法

一旦成熟的咖啡果被采摘下来，就需要对其进行干燥处理，以取出其中的咖啡豆。
处理方法对咖啡豆的香气有重要影响。

咖啡果的采收

咖啡果的采收以手工为主；采收者通常只采摘成熟且无瑕疵的咖啡果（依据不同品种，果实可能呈红色或黄色），而留下成熟过度或尚未成熟的咖啡果（呈深色或绿色）。因为咖啡果通常不会在同一时间全部成熟，故须经过多次采摘，以确保所得咖啡果都是最优质的。采摘者一般按采收重量计取报酬，每天可以采收 50—120 千克咖啡果。还有一种手工采摘方法，是将树枝上所有的咖啡果都采摘下来，既确保了数量，又保证了采摘速度。

机器采收则是用预先设定好程序的机器，通过摇晃树枝，让成熟的果实自动掉落——这一方法更适用于阿拉比卡种咖啡树，因其果实更易掉落。但这些机器只能用于低海拔地区，而且是在基本没有陡坡的庄园里。

在处理前，咖啡果最多储存 8 小时，超过这个时间，果实就会开始发酵，可能散发出难闻的气味。

手工采摘成熟的咖啡果，同时等待其余果实成熟。

干燥式处理法：自然干燥法（日晒法）

经过这一传统处理法处理的咖啡，被称为"自然咖啡"或"日晒咖啡"（相对于"水洗咖啡"），它能够保留完整的咖啡果实。

在哪些地区使用？ 有明显旱季的地区，例如巴西、埃塞俄比亚、巴拿马、哥斯达黎加。

需要多长时间？ 10—30 天

基本方法：将咖啡果摊放在晒场上或非洲高架床上，摊晒厚度约为 2 粒咖啡果的高度，为了均匀发酵，需适时翻动咖啡果。夜晚要盖上防水布以阻隔夜露。在干燥的过程中，新鲜咖啡果的含水量从 70% 逐渐降至 15%—30%，再降到 10%—12%（这是保存咖啡豆最理想的含水率）。

处理结果：咖啡豆有着浓烈的果香，在嗅觉和味觉上带来强烈的刺激。冲制出的咖啡很醇厚，但后味不够清爽。有时能闻到葡萄酒味，甚至酒精味，更糟糕的话甚至会有酸醋味。

- ➕ 几乎不需要什么设备，节约成本。
- ➖ 采收有风险；在采收高峰期需要足够大的日晒场；需要充足的人手，投入足够的关注，才能让处理出的咖啡豆与经过水洗法的同样均匀。

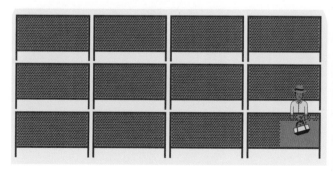

非洲高架床：底部采用棉布，以确保良好的通风

水洗式处理法：水洗法

从 17 世纪开始，荷兰的咖啡种植者们就使用水洗法。因为在爪哇岛上，自然干燥法并不适用，那里降雨量充沛，湿度总是很大。

在哪些地区使用？
湿度很大的地区（埃塞俄比亚、肯尼亚、卢旺达、萨尔瓦多、哥伦比亚、巴拿马）。

需要多长时间？
- 发酵时长为 6—72 小时，平均 12—36 小时。
- 干燥时长为 4—10 天。

基本方法
先用机器去除咖啡果肉，再将它们浸入水中，通过发酵去除附着其上的果胶。之后清洗咖啡豆，并进行干燥。

处理咖啡果

所谓处理（或精制），即通过水或空气进行发酵，让外果皮变软，进而取出种子的过程。

结果
比自然干燥法处理出的咖啡更干净，但醇度不及前者，且酸味更重。

➕ 在果胶中的酶和水中微生物的共同作用下，咖啡豆的 pH 值会降到 5 以下，故而用水洗法处理出的咖啡豆酸味更鲜明。

➖ 耗水量巨大（处理 1 千克咖啡果需要 100 升水），虽然为了避免浪费会进行水的循环利用，但发酵过程中所产生的硝酸盐还是会造成水污染。

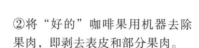
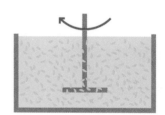

①将咖啡果浸入蓄水槽中：成熟的果实较重，会沉入槽底，而尚未成熟的果实和其他杂质则会浮于水面。

②将"好的"咖啡果用机器去除果肉，即剥去表皮和部分果肉。

③咖啡豆表面仍然会附着一层黏膜，因此要将其浸入发酵槽中，去除果胶。温度要控制在 40℃ 以内。为了确保均匀发酵，需适时搅动。

④将咖啡豆放入水洗池中进行二次筛选：成熟的咖啡豆会沉入池底，质量不佳的则浮于水面。

⑤用非洲高架床进行干燥，或者用巨大的干燥机进行烘干，直至咖啡豆的含水量降至 10%—12%。

混合式处理法

下面介绍的咖啡处理法是将前文所述的日晒法和水洗法相结合。

混合处理法

半日晒法：这一方法是巴西人于 20 世纪 90 年代发展起来的。它是用水洗法对咖啡豆进行筛选，再用干燥法进行发酵。

蜜处理法：这其实是除巴西外，中美洲其他国家对"半日晒法"的别称。依据咖啡豆内果皮上所残留果胶的比例，蜜等级不一。残留的果胶越多，内果皮的颜色就越深，日晒后咖啡豆的颜色也越深。

白蜜	黄蜜	红蜜	黑蜜
80%—90%	50%—75%	5%—50%	最少

（百分比为所去除果胶的比例）

依据果胶残留程度，得到不同等级的蜜处理的咖啡豆

半水洗法，亦称湿刨法

这种方法是前半段采用水洗法，后半段改用日晒法。

在哪些地区使用？
只在印尼使用，尤其是苏门答腊岛和苏拉威西岛。

需要多长时间？
• 水中发酵通常需一晚
• 去除内果皮后需 5—7 天进行干燥

基本原理
将去除外果皮的咖啡豆浸入水槽中，通过发酵去除果胶。对只残留内果皮的咖啡豆进行干燥，直至含水量降至 40%。接着用机器趁湿去除内果皮，咖啡豆摩擦中会加速干燥。

需要多长时间？ 7—12 天（依天气情况而定）。

基本方法：用果肉去除机去除果肉，成熟的咖啡果偏软，不成熟的偏硬。接着用日晒法对依然附着果胶的咖啡豆进行干燥，将它们铺在高架床上，厚度为 2.5—5 厘米。为了均匀干燥，需适时翻动。

结果：干净，且与水洗法处理的咖啡豆相比，更为醇厚，但酸味稍弱。口感更接近于用日晒法处理出的咖啡豆。

➕
• 处理过程几乎不需要用到水
• 筛选更精细
• 咖啡品质较均一
➖ 去果皮环节耗资较大

> **湿刨法**
>
> 湿刨法（giling basah）是指趁湿去除内果皮，这种方法很适合印尼的湿润气候。

结果
咖啡口感醇厚，几乎没有酸味。

➕ 这是针对印尼特有的天候条件而找到的解决方法，因为其潮湿的气候会延长花期和采收期，也让处理过程变得更加复杂。

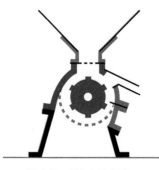

脱壳机：去除内果皮后，咖啡豆的干燥速度会加快。

处理法概览

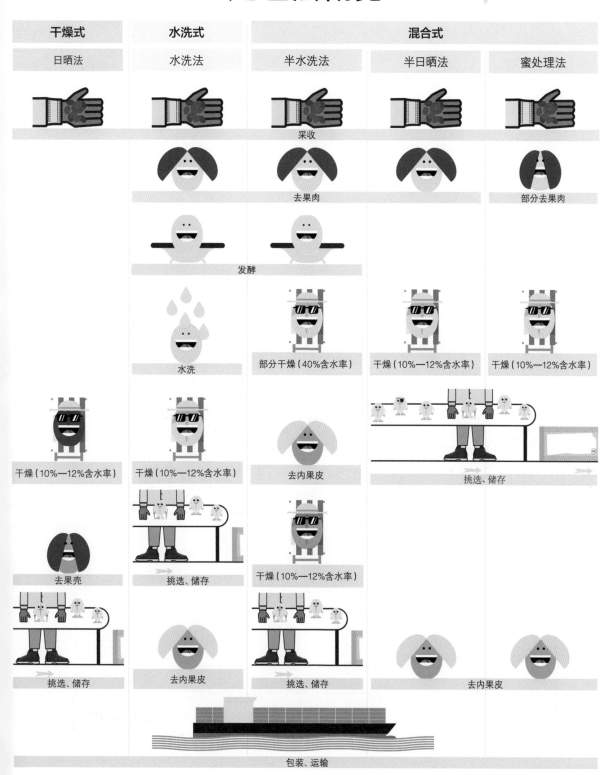

干燥式	水洗式	混合式		
日晒法	水洗法	半水洗法	半日晒法	蜜处理法

采收

去果肉 / 部分去果肉

发酵

水洗 / 部分干燥（40%含水率） / 干燥（10%—12%含水率）

干燥（10%—12%含水率）

去果壳 / 去内果皮 / 挑选、储存

挑选、储存

去内果皮

干燥（10%—12%含水率）

挑选、储存

去内果皮

包装、运输

咖啡生豆的清洗、挑选和包装

处理好的咖啡生豆还要经过清洗、挑选和包装，才能被运往消费国。

咖啡生豆的清洗

无论采用了怎样的处理法，处理好的咖啡豆都要被送往干燥处理站（dry mill），去除混入其中的杂质（碎屑、石子、金属片、尘土、树叶等），方法是先吸尘后过筛。对于采用日晒法和半日晒法处理的咖啡豆来说，需要用果壳去除机，让咖啡果之间互相碾压，"压碎"包裹着咖啡果的果壳（外皮和果肉）。脱落下的果壳再由压缩空气抽走。对于水洗法处理的咖啡豆，机器会剥除内果皮（一层附着于咖啡豆上的薄膜）。之后，再对咖啡豆进行抛光，以最大限度地剥除内果皮之下的银皮（参见 128 页咖啡豆的剖面图）。

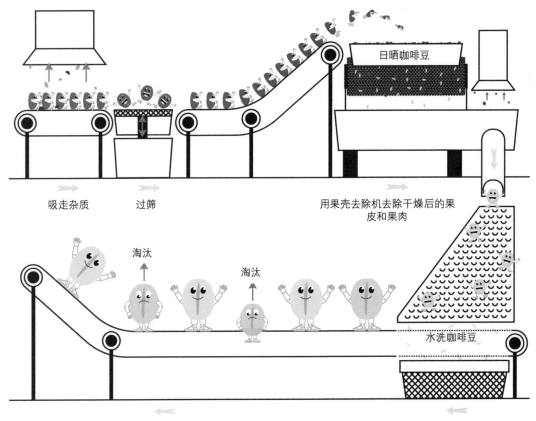

挑选咖啡生豆

接下来要对清洗过的咖啡生豆进行挑选，参照标准主要有：大小、形状、颜色。

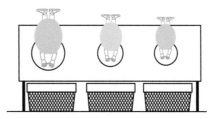

第一步：

用机器或手选的方式分出密度高的生豆（品质好）和密度低的生豆（品质差）。

第三步：

将咖啡生豆置于电子选豆机的传送带上，通过颜色识别进行挑选：

• 黑色或深色＝发酵豆

• 灰白色、白色＝未熟豆

一旦咖啡生豆被判定为瑕疵豆，就会立刻被风力设备抽走。

第二步：

用网孔大小不同的筛网进行过筛。

第四步：

电子选豆机筛选之后，最后一步就是手选了，由坐在传送带前的工人们负责完成这一步。

包装

经过挑选后的咖啡生豆会被包装好用于出口。常用的包装有：

黄麻布袋

一般来说，一只黄麻布袋可以装60—70千克咖啡生豆。优点是成本低、结实、耐用，能较好地保护咖啡生豆。麻布上还可以绘制简单的装饰图案，体现产地风情。

真空包装袋

真空包装是近些年才出现的新方法，通常用于价格昂贵的精品咖啡。用真空包装袋将生豆装好后，再放入纸箱。可容纳的重量从20—35千克不等，也有针对小进口商的10千克以下的小份装。

粮用编织袋（GrainPro®）

粮用编织袋是一种多层塑料袋，主要用来保存晒干的谷粒和各种种子。使用这种包装可以让咖啡生豆的香气保存得更长久。

咖啡豆生产国

下图标明了世界上所有的咖啡生产国，同时指出排名前十的国家。

夏威夷（美）
墨西哥
洪都拉斯
危地马拉
萨尔瓦多
尼加拉瓜
哥斯达黎加
巴拿马
哥伦比亚
厄瓜多尔
秘鲁
玻利维亚
古巴

牙买加
海地
多米尼加
波多黎各（美）
瓜德罗普（法）
委内瑞拉
特立尼达和多巴哥
苏里南
塞拉利昂
科特迪瓦
加纳
多哥
贝宁
尼日利亚
喀麦隆
赤道几内亚
刚果民主共和国
安哥拉

巴西
巴拉圭

咖啡品种分布示意图
（不同品种以不同颜色标注）

阿拉比卡种　　罗布斯塔种　　阿拉比卡种及罗布斯塔种

中国
越南
菲律宾

也门
苏丹　尼泊尔　　　缅甸
中非　　　　　老挝　　　2
埃塞俄比亚　　泰国　　　马来西亚
肯尼亚　　　　　　　　　巴布亚新几内亚
乌干达
卢旺达　　斯里兰卡　柬埔寨
布隆迪　　　印度
坦桑尼亚　　　　　　4
莫桑比克　　　印度尼西亚
马达加斯加
　　　　　　　　　　　　澳大利亚
马拉维
赞比亚

南非　津巴布韦

5
9
6

国际咖啡组织（International Coffee Organisation）于2014年公布的数据

埃塞俄比亚

埃塞俄比亚被视为"咖啡的摇篮"。与许多其他咖啡生产国不同的是，埃塞俄比亚的咖啡并非来自殖民者的"舶来品"，而是完全本土的野生或"半野生"咖啡树，生长在约占全部国土面积一半的海拔1500米的高原上。在这里，几乎没有人工种植的咖啡树和咖啡庄园。咖啡树生长在园地、森林或半森林地区，无须使用农药。尽管并未得到认证，但人们通常认为，埃塞俄比亚出产的咖啡都是有机的，其90%的咖啡生产是由超过70万户的小生产者完成的。咖啡产量并不高，其"生产追踪管理系统"仅可追溯至采收后的清洗站（极个别情况会有例外），而一座清洗站里通常混合着从各处采收来的咖啡豆。埃塞俄比亚拥有诸多品种的咖啡树，以及阿拉卡种咖啡的多个变种，它广袤的咖啡森林，承载着高品质咖啡的未来。

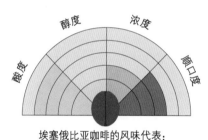

埃塞俄比亚咖啡的风味代表：
耶加雪菲艾瑞嘉（Yirgacheffe Aricha）

咖啡资讯

▶ 年产量：397500 吨
▶ 全球市场份额：4.6%
▶ 全球生产国排名：第 5 名
▶ 主要品种：原生种
▶ 采收期：11 月至次年 2 月
▶ 处理方式：水洗法和日晒法
▶ 风味特点：
• 采用水洗法处理的咖啡豆——花香、酸味重、醇度低
• 采用日晒法处理的咖啡豆——热带水果味、草莓香

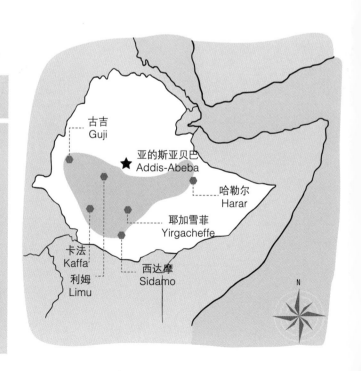

肯尼亚

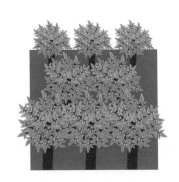

19世纪末，西方殖民者将咖啡带入肯尼亚。当地主要种植阿拉比卡种咖啡，尤其是其变种SL28、SL34、K7和鲁伊鲁11，处理方式采用水洗法。超过半数的肯尼亚咖啡来自小生产者，他们与水洗厂合作，分成若干单元——600—1000人组成一个"工厂"。肯尼亚地区特有的红黏土，赋予了咖啡独特的芳香。肯尼亚有自己的咖啡分级体系，即采用筛孔不同的筛网，按咖啡豆的大小进行挑选：

- AA级：用18号（7.22毫米）以上的筛网选出。这个级别的咖啡豆价格最高，因为品质极佳，用它制作出的咖啡口感馥郁。
- AB级：用16号（6.8毫米）和15号（6.2毫米）的筛网选出。
- PB级：圆豆（又称"公豆"，参见128页）。

上述三种级别的咖啡生豆可被归入精品咖啡之列。

- C级、TT级、T级：次等咖啡豆。大部分会用于拍卖。

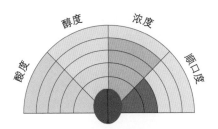

肯尼亚咖啡的风味代表：
吉查撒尼AA（Gichathaini AA）

咖啡资讯

- ▶ 年产量：51000吨
- ▶ 全球市场份额：0.6%
- ▶ 全球生产国排名：第16名
- ▶ 主要品种：SL28、SL34、K7、鲁伊鲁11
- ▶ 采收期：11月至次年2月
- ▶ 处理方式：水洗法
- ▶ 风味特点：莓果味，生动、有活力的酸味

卢旺达

1904 年，德国传教士将咖啡传入卢旺达。这个国家的气候（降雨量规律且稳定）和地质特点（位于海拔 1500—2000 米处，拥有肥沃的火山灰土壤）极利于高品质咖啡的种植。种植者们通常采取合制，共同经营水洗厂。因为在咖啡生产上一直专注于精品咖啡，所以卢旺达咖啡一直维持着稳定而高昂的价格。此外，2008 年，它还成为第一个举办"卓越杯"咖啡大赛的非洲国家。

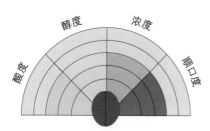

卢旺达咖啡的风味代表：
种植者 艾比芬妮·穆依尔旺（Epiphany Muhirwa）

咖啡资讯

▶ 年产量：16800 吨（99% 阿拉比卡种 / 1% 罗布斯塔种）

▶ 全球市场份额：0.2%

▶ 全球生产国排名：第 28 名

▶ 主要品种：红波旁种

▶ 采收期：3 月至 7 月

▶ 处理方式：水洗法

▶ 风味特点：花香、水果香，酸味适宜

风味瑕疵——"土豆味"

在卢旺达和布隆迪，咖啡豆会感染一种难以察觉的细菌，一旦将感染了细菌的咖啡豆研磨成粉，就会闻到一股老土豆的气味。这种细菌感染极具偶然性，一颗咖啡豆受感染并不会波及整批。尽管不会危及饮用者的健康，但终究会大大影响咖啡的口感，因此也是这两个种植国必须面对的挑战。

布隆迪

咖啡直到20世纪30年代才由比利时人传入布隆迪。布隆迪与卢旺达交界，也有着利于种植咖啡的气候、土壤和海拔，但也同样存在"土豆"风味瑕疵……在布隆迪，咖啡由小生产者们种植，他们会将采收下来的咖啡送往由SOGESTAL（即水洗厂管理局）管理的水洗厂。在2008年之前，不同品种的咖啡豆是被混合处理的；2008年之后，水洗厂要求区分出不同的品种，这样便可建立起有效的生产追踪管理系统，也可以依据口感的差别对咖啡进行分级。布隆迪是第二个举办"卓越杯"的非洲国家。

布隆迪咖啡的风味代表：穆如塔（Muruta）

咖啡资讯

▶ 年产量：16200 吨

▶ 全球市场份额：0.2%

▶ 全球生产国排名：第29名

▶ 主要品种：红波旁种

▶ 采收期：3月至7月

▶ 处理方式：水洗法

▶ 风味特点：果香，酸味重

法属留尼汪岛

咖啡于 1715 年传入留尼汪岛。当时，该岛还叫波旁岛，于是就以"波旁"命名了种植于此的第一个咖啡品种。波旁种真正的发源地是也门，它是铁比卡种自然突变产生的变种。咖啡种植于 18 世纪 20 年代在岛上兴起，并于 1800 年达到"黄金期"，当时全岛的咖啡产量达 4000 吨。之后，由于自然灾害和甘蔗种植，留尼汪岛的咖啡产量锐减。1771 年时，一个独特的变种出现了，这便是尖波旁种。后来这一品种几近消失，直到 21 世纪才又重新焕发生机。留尼汪岛的咖啡产量很少，也只针对小众市场。

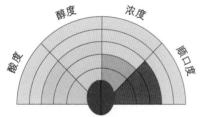

留尼汪咖啡的风味代表：尖波旁

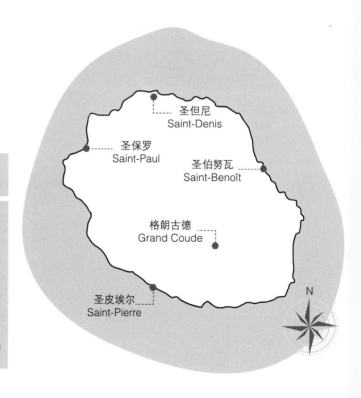

圣但尼
Saint-Denis

圣保罗
Saint-Paul

圣伯努瓦
Saint-Benoît

格朗古德
Grand Coude

圣皮埃尔
Saint-Pierre

N

咖啡资讯

▶ 年产量：3 吨

▶ 全球市场份额：< 0.01%

▶ 全球生产国排名：无名次（小众市场）

▶ 主要品种：波旁种，尖波旁

▶ 采收期：10 月—次年 2 月

▶ 处理方式：水洗法

▶ 风味特点：醇度适中，酸味适宜，口感平衡

咖啡品种

SL28

- 起源：1931 年司各特实验室（Scott Laboratory）* 培育出来的品种，由波旁种和埃塞俄比亚原生种杂交而成。
- 植株：大叶片，咖啡豆也较大。
- 抗病能力：较强，可以较好地抵抗各种疾病。
- 产量：少
- 推荐制作方式：手冲
- 口感：酸味鲜明，有莓果味。

SL34

- 起源：种植在加贝特（Kabete，肯尼亚中部）的洛雷索（Loresho），是波旁种的变种。
- 植株：大叶片，咖啡豆也较大。
- 产量：高
- 抗病能力：能很好地对抗高海拔地区的降雨。
- 推荐制作方式：手冲
- 口感：因其卓越的风味而声名远播。

尖波旁种

- 起源：由波旁种自然突变而成，又称劳里纳种或阿拉比卡变种劳里纳，1771 年出现在留尼汪岛。1880 年时该变种遭遇了一场病害，几近消失，21 世纪初被日本人川岛良彰（Yoshiaki Kawashima）重新发现。在 CIRAD（法国农业发展研究国际合作中心）的帮助下，开始重新种植。
- 其他种植国：马达加斯加
- 植株：矮小，呈棱锥形，叶片和果实都比较小。咖啡豆形状独特，两端是尖的（尖波旁种也因此而得名）。
- 抗病能力：对干旱天气有较强的适应性，但是易感染叶锈病。
- 产量：少
- 推荐制作方式：意式浓缩
- 口感：与阿拉比卡种的其他变种相比，尖波旁种的咖啡因含量要低得多（0.6%）。

原生种

"Heirloom"（原生种）这个英语单词指的是古老、纯正的品种。在咖啡界，它被用来特指埃塞俄比亚的咖啡种，因为当地的咖啡种都不是外来种，而是自然生长的，也难以明确界定各个品种。因此，许多咖啡生豆采购商和烘焙师就用"原生种"这个词来指代产于埃塞俄比亚的各个品种。

---

* 司各特实验室是于 20 世纪 30—60 年代活跃在肯尼亚的一个咖啡研究组织。主要受肯尼亚政府委托，进行咖啡育种分类方面的研究，以寻找出能够适应肯尼亚风土、可用于大规模种植、拥有商业价值的咖啡品种。该组织目前已不存在。

巴西

咖啡于 18 世纪由葡萄牙人传入巴西。很快，巴西就成了世界第一大咖啡生产国，到了 20 世纪 20 年代，世界上 80% 的咖啡都来自巴西。如今，随着其他咖啡生产国的崛起，世界各国的咖啡产量趋于平衡，但巴西始终处于领头羊的位置。在巴西，咖啡主要种植在东南部地区。无论是从土地面积、气候，还是从地形（总体地势平坦，都是坡度很小的丘陵，便于使用机械）、海拔上来说，巴西都极为适宜发展大规模咖啡种植。巴西有近 30 万户农庄种植咖啡，其中不乏采用现代化生产方式的大型种植园，咖啡产量和收益率均有所提高。当然，也有一些农庄采用环保也就是有机的方式进行种植，几乎不喷洒农药，这有助于咖啡植株的生物多样性。巴西出产的优质咖啡，其来源可一直追溯至具体植株。巴西于 1999 年举办了"卓越杯"。

30万户农庄

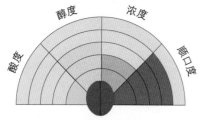

巴西咖啡的风味代表：
卡平布兰科庄园（Capim Branco）

咖啡资讯

▶ 年产量：2720520 吨（67% 阿拉比卡种，33% 罗布斯塔种）

▶ 全球市场份额：32%

▶ 全球生产国排名：第 1 名

▶ 主要品种：蒙多诺沃种、卡杜拉种、伊卡图种、波旁种、卡杜艾种

▶ 采收期：5 月至 8 月

▶ 处理方式：日晒法和水洗法

▶ 风味特点：巴西咖啡名声在外，它的酸味很淡，口感清甜，闻起来还有一股类似坚果的气味。在制作综合咖啡时，人们总喜欢用巴西咖啡来打底。

巴伊亚
Bahia

圣埃斯皮里图
Espirito Santo

巴西利亚
Brasilia

圣保罗
Sao Paulo

塞拉多
Cerrado

南米纳斯
Sul de Minas

米纳斯吉拉斯
Minas Gerais

哥伦比亚

100% Colombian Coffee

咖啡于 18 世纪末传入哥伦比亚，并从 19 世纪初开始作为商品进行交易。在哥伦比亚，有近 50 万个农庄种植咖啡（其中大部分都是小农庄）。狭长的安第斯山脉所形成的小气候虽有利于咖啡种植，但哥伦比亚的地形却不利于大规模种植。因为山脉较多，坡度很陡，难以展开机械化生产，又由于缺少植被，使得倾斜的山坡裸露着，易被侵蚀。鉴于此，哥伦比亚将重心放至提升咖啡的品质上，只种植阿拉比卡种的变种。1960 年，纽约的恒美广告公司（Doyle Dane Bernach）创造了一个名为胡安·瓦尔迪兹（Juan Valdez）的人物，用于推广哥伦比亚咖啡。这一谦卑又不乏浪漫气息的种植者形象，和他牵着的那头骡子一起，为哥伦比亚咖啡得享美名做出了卓越贡献。如今，尽管咖啡只占该国出口贸易的 10% 左右，却一直都是哥伦比亚的重要标志。

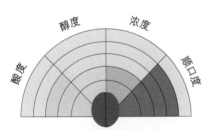

哥伦比亚咖啡的风味代表：
位于慧兰省的拉维吉尼亚庄园（La Virginia）

咖啡资讯

▶ 年产量：750000 吨

▶ 全球市场份额：8.8%

▶ 全球生产国排名：第 3 名

▶ 主要品种：卡杜拉种、卡斯提优种（Castillo）

▶ 采收期：因着小气候的缘故，全年皆可采收

▶ 处理方式：水洗法

▶ 风味特点：醇度适宜，入口顺滑，酸度适中

麦德林 Medellin
安蒂奥基亚 Antioquia
卡尔达斯 Caldas
马尼萨莱斯 Manizales
布卡拉曼加 Bucaramanga
亚美尼亚城 Armenia
里萨拉尔达 Risalda
桑坦德 Santander
昆迪纳马卡 Cundinamarca
金迪奥 Quindio
波哥大 Bogota
托利马 Tolima
乌伊拉 Huila
考卡 Cauca
纳里尼奥 Narino
N

厄瓜多尔

咖啡于 19 世纪 60 年被引进厄瓜多尔的马纳比省（Manabi）。20 世纪 80 年代，厄瓜多尔的咖啡产业发展至顶峰，到了 90 年代，由于经济的严重衰退，咖啡产业也日渐没落。厄瓜多尔生产的咖啡绝大多数都用于制造速溶咖啡，因此优先种植的是罗布斯塔种和产量高的阿拉比卡种，但生豆的品质都不高。其实厄瓜多尔的高海拔地区依然具备种植高品质咖啡的潜力，因此可以尝试种植一些知名的咖啡品种（波旁种、铁比卡种），亦可降低人工成本。

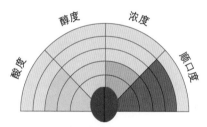

厄瓜多尔咖啡的风味代表：
拉斯多拉斯庄园（Las Tolas）

咖啡资讯

▶ 年产量：39000 吨（60% 阿拉比卡种，40% 罗布斯塔种）

▶ 全球市场份额：0.45%

▶ 全球生产国排名：第 20 名

▶ 主要品种：铁比卡种、波旁种、卡杜拉种

▶ 采收期：5 月至 9 月

▶ 处理方式：水洗法和日晒法

▶ 风味特点：酸味极佳，口感平衡

玻利维亚

咖啡于 19 世纪传入玻利维亚。这里干湿分明的气候、理想的海拔，使得咖啡种植潜力巨大。但由于缺少必要的设备，再加上玻利维亚从地理上看属内陆国家，四面都被其他国家包围，产品若想出口，就必须通过秘鲁，这极大地制约了其咖啡产业的发展。玻利维亚的咖啡生产规模不大，总共约有 2.3 万户农庄，其中大部分是家庭式的，占地从 2—8 公顷不等。这里种植的大多是有机咖啡（没有得到官方认证），因为大部分种植者都没有足够的资金去购买化肥。玻利维亚咖啡是生产追踪管理系统的优秀代表，对任何一份精品咖啡，都可以追溯至种植它的农庄。玻利维亚出产的某些咖啡堪称卓越。

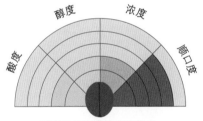

玻利维亚咖啡的风味代表：
七星庄园（7 Estrellas）

咖啡资讯

▶ 年产量：7200 吨

▶ 全球市场份额：0.08%

▶ 全球生产国排名：第 33 名

▶ 主要品种：铁比卡种、卡杜拉种

▶ 采收期：7 月至 10 月

▶ 处理方式：水洗法和日晒法

▶ 风味特点：玻利维亚咖啡并没有特别与众不同的香气。它口感温和、圆润，几乎没有酸味。

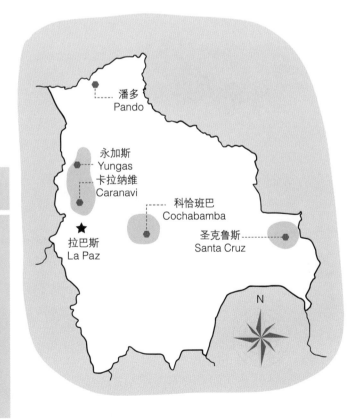

潘多
Pando

永加斯
Yungas

卡拉纳维
Caranavi

科恰班巴
Cochabamba

圣克鲁斯
Santa Cruz

拉巴斯
La Paz

N

秘鲁

咖啡于18世纪在秘鲁出现，从19世纪起，秘鲁开始对外出口咖啡。它是第一个得到有机认证，也是第一个得到公平贸易认证的咖啡生产国。该国绝大部分的咖啡由约12万户农庄种植，每户农庄占地不足3公顷。秘鲁的一些高海拔地区（海拔2200米）也种植咖啡。但是，因着南美洲另外两大咖啡生产国——巴西和哥伦比亚，秘鲁咖啡（和玻利维亚咖啡一样）时常被埋没。

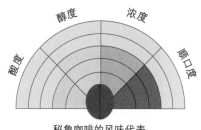

秘鲁咖啡的风味代表：
芒戈庄园（El Mango）

咖啡资讯

▶ 年产量：204000 吨

▶ 全球市场份额：2.4%

▶ 全球生产国排名：第11名

▶ 主要品种：铁比卡种、波旁种、卡杜拉种

▶ 采收期：7月至9月

▶ 处理方式：水洗法

▶ 风味特点：温和、干净，但缺少馥郁感

圣马丁
San Martin

卡哈马卡
Cajamarca

利马
Lima

库斯科
Cusco

阿普里马克
Apurimac

咖啡品种

蒙多诺沃种

- 起源：自然杂交品种（苏门答腊种 × 波旁种），最早于 20 世纪 40 年代在巴西被发现。
- 植株：高大，果实呈红樱桃状。
- 抗病能力：能有效抵御中高海拔地区的病害
- 产量：高（比波旁种高 30%）
- 建议制作方式：意式浓缩
- 口感：在巴西，这款咖啡因其鲜明的特色而广受好评，唯一不足的是甜度不够。

伊卡图

- 起源：这一杂交品种（[阿拉比卡种 × 刚果种] × 蒙多诺沃种 × 卡杜艾种）于 1985 年在巴西经人工培育而成，但直到 1993 年才得到正式承认。
- 植株：高大，果实较大，需种植在海拔 800 米以上的地区。
- 抗病能力：强，尤其是叶锈病（参见 133 页）
- 产量：比蒙多诺沃种高出 30%—50%
- 建议制作方式：意式浓缩
- 口感：因为携带罗布斯塔种基因，所以口碑一般。但是，如果得到精心种植，也有可能产生绝佳风味。

铁比卡种

- 起源：铁比卡种是阿拉比卡种最古老的变种。通过杂交，又衍生出多个阿拉比卡种的变种，如蓝山和马拉戈吉佩。
- 其他生产国：绝大多数咖啡种植国都出产铁比卡种，尽管产量并不算大。
- 植株：较高，呈圆锥形，可以长到 3.5—6 米，树叶呈红铜色。
- 抗病能力：在高海拔地区较强
- 产量：相对较低
- 建议制作方式：意式浓缩和手冲均可
- 口感：因其馥郁的香气而闻名遐迩。

哥斯达黎加

18 世纪时，第一批咖啡树在哥斯达黎加境内种下。从 1832 年起，该国开始向欧洲出口咖啡，时至今日，已有约 5 万户咖啡种植者，每户农庄的占地面积都不超过 5 公顷，而且只种植阿拉比卡种及其变种。法律明令禁止种植罗布斯塔种。到了 21 世纪，为满足精品咖啡的市场需求，大量小型水洗厂投入使用，以帮助咖啡种植者们各自对采收的咖啡生豆进行分类和管理。此前，各农庄采收的咖啡都混杂在一起，但在此之后，所有咖啡都可追溯来源，种植者们也因此可以自己管控品质，亦可尝试不同的处理方式。此外，对水洗厂的管理也是创新式的，为的是降低咖啡生产对自然环境的伤害，也是为了尊重自然法则。在咖啡生产方面，哥斯达黎加的基础设施十分理想，有利于发展高品质的咖啡种植。

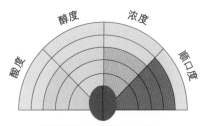

哥斯达黎加咖啡的风味代表：
瓦雷利欧庄园（Hacienda Valerio）

咖啡资讯

▶ 年产量：90480 吨

▶ 全球市场份额：1%

▶ 全球生产国排名：第 14 名

▶ 主要品种：卡杜拉种、薇拉莎奇种、卡杜艾种

▶ 采收期：11 月至次年 3 月

▶ 处理方式：蜜处理、日晒法、水洗法

▶ 风味特点：温润顺口，酸味适宜，口感丰富

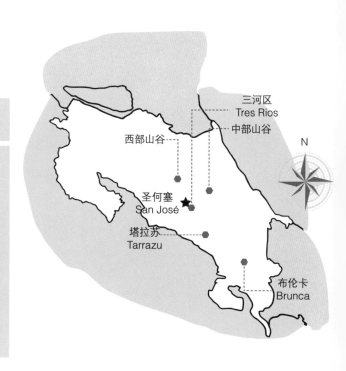

巴拿马

巴拿马于19世纪末引进咖啡。其肥沃的火山灰质土壤、高海拔和湿润的气候，都十分有利于咖啡种植。此外，在相对有限的区域内还有多种小气候共存。该国的咖啡种植园多是家庭式或小型农庄。1996年的国际咖啡价格危机后，巴拿马转而将发展精品咖啡视为实现经济增长的重要手段。如今，尽管产量有限，但巴拿马咖啡在市场上始终享有盛誉，尤其是其出产的瑰夏种。作为一个潜力无限的变种，瑰夏在巴拿马找到了最适宜生长的土壤，并且最优质的咖啡通常是在网上进行拍卖。瑰夏的生产追踪管理系统做得极好，可一直追溯至种植它们的农庄。

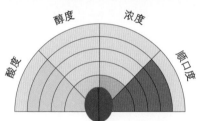

巴拿马咖啡的风味代表：瑰夏

咖啡资讯

▶ 年产量：570吨

▶ 全球市场份额：0.07%

▶ 全球生产国排名：第36名

▶ 主要品种：瑰夏种、卡杜拉种、铁比卡种、波旁种、卡杜艾种

▶ 采收期：11月至次年3月

▶ 处理方式：水洗法、日晒法

▶ 风味特点：上好的瑰夏温和、考究、高雅、馥郁，醇度低，芳香浓郁。

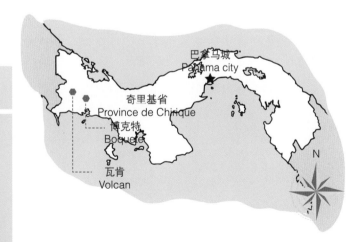

危地马拉

18世纪中期，咖啡由耶稣会教士传入危地马拉。该国第一次向欧洲出口咖啡可追溯至1859年。危地马拉的地形绵延起伏，既有山地，也有火山灰质土壤，还有平原，因此形成了若干有利于咖啡生长的小气候，使得咖啡的香味与众不同且丰富多样。

而今，咖啡已成为危地马拉出口农产品的重要组成部分。咖啡种植者约有12.5万名，种植总面积约27万公顷。危地马拉有许多小型水洗厂，以确保将微批次咖啡豆*也纳入完备的生产追踪管理系统中。为了做到这一点，越来越多的咖啡种植者自配了水洗厂。

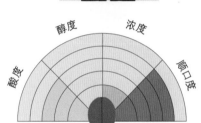

危地马拉咖啡的风味代表：
皮拉庄园（Finca El Pilar）

咖啡资讯

▶ 年产量：210000吨（99.6%阿拉比卡种，0.4%罗布斯塔种）

▶ 全球市场份额：2.5%

▶ 全球生产国排名：第10名

▶ 主要品种：波旁种、卡杜拉种、铁比卡种、卡杜艾种、马拉戈吉佩种

▶ 采收期：11月至次年3月

▶ 处理方式：水洗法

▶ 风味特点：因着土壤的缘故，咖啡香味与众不同，温和、醇厚、圆润，散发着巧克力香或花香，偏酸。

科万
Coban

韦韦特南戈
Huehuetenango

阿卡特南戈
Acatenango

新奥连特
Neuvo Oriente

★危地马拉城 Ciudad Guatemala

法拉辛
Fraijanes

阿蒂特兰
Atitlan

安提瓜
Antigua

N

* 所谓"微批次咖啡豆"，简单来说，就是从本来已经很不错的咖啡豆中进一步挑选出品质更好的。这样做一方面可以满足单品咖啡界越来越苛刻的要求，另一方面也有助于咖啡种植者将咖啡豆推向精品市场，提高价格。

洪都拉斯

洪都拉斯从 18 世纪末开始种植咖啡。时至今日，该国已经成为重要的咖啡种植国之一，超过 10 万户农人参与种植。虽然当地的自然条件与中美洲其他国家无异，但是对于洪都拉斯来说，真正的挑战在于发展运输业和处理咖啡果的基础设施。洪都拉斯有些地区格外潮湿，无法在户外处理咖啡豆。为解决这一问题，种植者们开始使用机器烘干，又或者在自然干燥的同时也引入机器干燥法。长期以来，洪都拉斯出产的咖啡品质都比较低劣，所针对的也是低端市场。近年来，洪都拉斯咖啡学院（IHCAFE）开始为小生产者们提供技术、设备和知识上的帮助，以便提升咖啡品质。

洪都拉斯咖啡的风味代表：

生产者杰西·莫雷诺（Jesus Moreno）

咖啡资讯

- ▶ 年产量：324000 吨
- ▶ 全球市场份额：3.8%
- ▶ 全球生产国排名：第 7 名
- ▶ 主要品种：卡杜拉种、卡杜艾种、帕卡斯种、铁比卡种
- ▶ 采收期：11 月至次年 4 月
- ▶ 处理方式：水洗法
- ▶ 风味特点：温和清淡，馥郁芬芳，伴随着丰富的酸味。

萨尔瓦多

萨尔瓦多从 19 世纪起开始种植咖啡。那时是为了满足国内需求，到了 1880 年前后，政府开始鼓励对外出口。如今，约有 2 万户中小型种植农庄出产的咖啡因高品质而声名远播。其中，超过 60% 是波旁种，这也是萨尔瓦多咖啡最显著的特点。此外也有帕卡斯种和帕卡马拉种。大部分咖啡树都需要种植于其他树木的荫蔽之下，这也为防止过度砍伐和水土流失发挥了积极作用。萨尔瓦多的基础设施和生产追踪管理系统都很不错。此外，自从 19 世纪引进咖啡以来，萨尔瓦多咖啡学院（Consejo Salvadoreno del Café）在推广风土特色（肥沃的火山灰质土壤）和波旁种的品质方面发挥了重要作用。

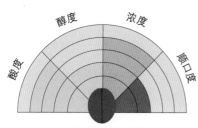

萨尔瓦多咖啡的风味代表：
拉芬尼庄园（Finca La Fany）

咖啡资讯

▶ 年产量：408000 吨

▶ 全球市场份额：0.48%

▶ 全球生产国排名：第 18 名

▶ 主要品种：波旁种、帕卡斯种、帕卡马拉种

▶ 采收期：11 月至次年 3 月

▶ 处理方式：水洗法和日晒法

▶ 风味特点：醇度佳，奶油般质地，酸味淡，口感平衡。

阿罗特佩克梅塔潘
Alotepec- Metapan

卡卡威提克
Cacahuatiqu

圣萨尔瓦多
San Salvador

特卡帕奇纳梅卡
Tecapa-Chinamb

钦琼特佩克
Chichontepec

阿帕尼卡伊拉马特佩克
Apaneca-Ilamatepec

埃尔巴尔萨摩魁萨尔特佩克
El Balsamo-Queizaltepeque

尼加拉瓜

尼加拉瓜从 19 世纪中期开始种植咖啡。作为该国第一大出口产品，尼加拉瓜的咖啡却并不怎么出名。原因在于尼加拉瓜长期政治动荡，且经济危机和自然灾难频发。大部分咖啡农的种植面积都在 3 公顷左右。很长时间以来，尼加拉瓜的生产追踪管理系统都很薄弱，因为不同种植者所采收的咖啡到了大型水洗厂后，都被混在一起了。如今，部分种植者开始意识到咖啡品质和生产追踪管理系统的重要性。一切都在发生改变……

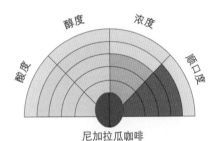

尼加拉瓜咖啡

咖啡资讯

▶ 年产量：120000 吨

▶ 全球市场份额：1.4%

▶ 全球生产国排名：第 13 名

▶ 主要品种：卡杜拉种、帕卡马拉种、波旁种、马拉戈吉佩种、卡杜艾种、卡帝莫种

▶ 采收期：10 月至次年 3 月

▶ 处理方式：水洗法、日晒法、半日晒法

▶ 风味特点：从温和的口味，到巧克力味，再到酸味、花香味，不同层次皆备。

奥科塔尔 Ocotal
希诺特佩 Jinotega
新塞哥维亚省 Nueva Segovia
埃斯特利 Esteli
马塔加尔帕 Matagalpa
马那瓜 Managua
N

咖啡品种

卡杜艾种

- 起源:这一杂交品种(蒙多诺沃种 × 黄卡杜拉种)于 1968 年诞生在巴西。
- 主要种植国:巴西和中美洲
- 植株:矮小灌木
- 抗病能力:能有效对抗大风和恶劣天候(果实不易掉落)。当海拔超过 800 米时,每公顷的栽种密度可以得到极大提升。
- 产量:高
- 建议制作方式:意式浓缩
- 口感:标准品质

波旁种

- 起源:波旁种是铁比卡种的自然突变品种,发现于留尼汪岛(法国大革命之前叫"波旁岛")。依据果实颜色不同,又可以分为红波旁种、黄波旁种和橘波旁种。
- 主要种植国:大部分咖啡种植国
- 植株:果实比铁比卡种的小
- 产量:尽管比铁比卡种高 20%—30%,但仍旧被视为低产量品种。
- 抗病能力:种植在海拔 1000—2000 米的地带,抗病能力会更佳。
- 建议制作方式:红波旁适合意式浓缩,黄波旁适合手冲咖啡或冰咖啡。
- 口感:细腻,醇度低,温和

瑰夏种

- 起源:1943 年,这一品种在埃塞俄比亚西南部一个名叫瑰夏的小城附近被发现。1932 年,瑰夏生产的咖啡被引进到肯尼亚。到了 20 世纪 50 年代,哥斯达黎加开始尝试种植,而直到 1963 年巴拿马才将其引进。到了 21 世纪,这一品种被正式命名为瑰夏种,吸引着精品咖啡界的注意。
- 主要种植国:哥伦比亚,哥斯达黎加
- 植株:树型高大,叶片长,果实和种子较大。
- 抗病能力:较强
- 产量:少。若种植在海拔 1500 米以上的特定土壤,产量会有所提高。
- 建议制作方式:最好是手冲
- 口感:香味与众不同,有花香味,口感极其精致、馥郁,醇度与茶相差无几,散发着柑橘香和莓果香。代表巴拿马在咖啡赛事中多次获奖。

帕卡斯种

- 起源:由波旁种突变产生。1949 年,一位名为帕卡斯的萨尔瓦多种植者发现了它。
- 植株:比波旁种矮小
- 抗病能力:比波旁种强
- 产量:在高海拔地区产量更高
- 建议制作方式:意式浓缩
- 口感:与波旁种相近

维拉罗伯种

- 起源：哥斯达黎加的波旁种突变
- 植株：果实大小正常
- 抗病能力：抗风能力强
- 产量：高海拔地区产量高
- 建议制作方式：意式浓缩和手冲
- 口感：风味佳

帕卡马拉种

- 起源：这一杂交品种（帕卡斯种 × 马拉戈吉佩种）于 1958 年，在法国与 CIRAD（农业发展研究国际合作中心）的通力合作下，诞生于萨尔瓦多。培育这一品种的目的就是将帕卡斯种和马拉戈吉佩种的特点进行有机结合。
- 主要种植国：墨西哥、尼加拉瓜、哥伦比亚、洪都拉斯和危地马拉
- 植株：矮小，但咖啡豆的个头比较大。
- 抗病能力：植株较强壮，可以较好地对抗恶劣天气和大风。
- 产量：高于帕卡斯种
- 建议制作方式：手冲
- 口感：种植在高海拔地带，且种植条件良好时，香味会比较馥郁，酸味也较适宜。

薇拉莎奇种

- 起源：波旁种自然突变形成，在一座名为莎奇的城市（哥斯达黎加）附近被发现。
- 植株：咖啡果大小正常，叶片呈古铜色。
- 抗病能力：较弱
- 产量：在高海拔地区略高
- 建议制作方式：意式浓缩
- 口感：酸度适宜，温和，干净

卡杜拉种

- 起源：这一波旁种突变而产生的新变种于 1937 年在巴西的小城卡杜拉附近被发现。
- 主要种植国：哥斯达黎加和尼加拉瓜。巴西种植得极少。
- 植株：大叶片小灌木
- 抗病能力：比波旁种和铁比卡种强
- 产量：尚可，高于波旁种
- 建议制作方式：意式浓缩和手冲
- 口感：在哥伦比亚饱受赞誉。一般来说，口感不如波旁种。

墨西哥

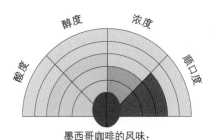

墨西哥咖啡的风味：

卡桑德拉庄园（Finca Kassandra）

18 世纪末，咖啡经由安的列斯群岛传入墨西哥。据史料记载，1802 年时，墨西哥第一次对外出口咖啡。长久以来，墨西哥咖啡都被认为价格便宜但品质不佳。咖啡种植者们不得不面对微薄的利润、简陋的基础设施和政府的有限支持。到了 2012 年，因着"卓越杯"，情况开始发生改变，这为墨西哥的咖啡种植者们提供了种植独具特色的高品质咖啡的机会。如今，该国的咖啡种植已初具规模，已然成为世界上重要的咖啡种植国之一，尤其是在"公平贸易"认证和种植有机咖啡方面。

咖啡资讯

▶ 年产量：234000 吨

▶ 全球市场份额：2.75%

▶ 全球生产国排名：第 8 名

▶ 主要品种：马拉戈吉佩种、帕卡马拉种、波旁种、铁比卡种、卡杜拉种、蒙多诺沃种、卡杜艾种、卡帝莫种

▶ 采收期：11 月至次年 3 月

▶ 处理方式：水洗法

▶ 风味特点：温和、清淡，但仍能从中品尝到苹果酸和柠檬酸，口感圆润而平衡。

韦拉克鲁斯
Veracruz

恰帕斯
Chiapas

墨西哥城
Mexico

普埃布拉
Puebla

瓦哈卡
Oaxaca

牙买加

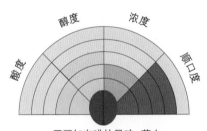

牙买加咖啡的风味：蓝山

1728 年，牙买加总督尼古拉斯·劳伊斯爵士（Sir Nicholas Lawes）得到了来自马提尼克岛的咖啡种子。起初，咖啡被种植在金斯顿附近，后来很快蔓延至蓝山地区，如今牙买加最具代表性的咖啡豆就是以这一地区命名的。长久以来，蓝山咖啡作为世界上最昂贵的咖啡豆之一，在出口包装上独具特色，采用桶装，而非传统的黄麻布袋。牙买加所生产的咖啡，约一半用于供应日本和美国市场。蓝山咖啡出名之后，拥有了显赫的光环，在咖啡等级中处于高级别，且具有一定的收藏价值。但不得不承认的是，与其他精品咖啡相比，蓝山咖啡还是被过度吹捧了。

咖啡资讯

▶ 年产量：约 1000 吨

▶ 全球市场份额：小于 0.1%

▶ 全球生产国排名：第 44 名

▶ 主要品种：蓝山种、波旁种、铁比卡种

▶ 采收期：9 月至次年 3 月

▶ 处理方式：水洗法

▶ 风味特点：温和，口感丰富，质地如糖浆

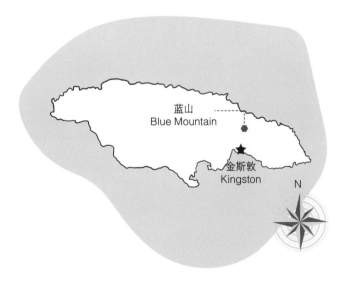

美国夏威夷州

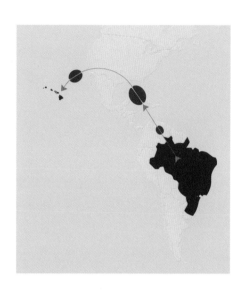

夏威夷种植的第一批咖啡来自巴西，于 1825 年被引进。直到 20 世纪 80 年代，这里的咖啡种植规模始终有限，因为种植者们更乐意种植甘蔗。夏威夷最著名的咖啡品种产自科纳——夏威夷群岛中的一个主要岛屿。该岛所出产的咖啡约占夏威夷咖啡总产量的 10% 左右。因着高昂的人力和种植成本，夏威夷咖啡较之其他种植国的咖啡价格偏高。

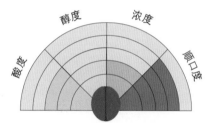

夏威夷咖啡的风味代表：
科纳特级咖啡（Kona Extra Fancy）

咖啡资讯

▶ 年产量：3500 吨

▶ 全球市场份额：小于 0.1%

▶ 全球生产国排名：第 41 名

▶ 主要品种：铁比卡种、卡杜艾种

▶ 采收期：9 月至次年 1 月

▶ 处理方式：水洗法、日晒法

▶ 风味特点：醇度中等，酸味淡

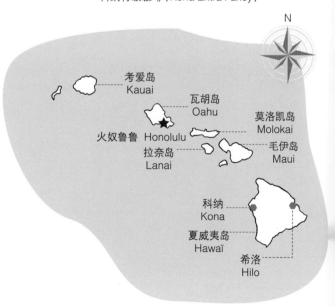

咖啡品种

蓝山种

- 起源：该品种源自铁比卡种和其他变种。因产地而得名，即牙买加的蓝山地区。
- 种植国：美国夏威夷州（科纳），肯尼亚西部从 1913 年起开始种植。
- 植株：类似铁比卡种，但略高大，呈圆锥形，可长到 3.5—6 米不等，叶片呈红铜色。
- 抗病能力：较强，能够适应高海拔气候。
- 产量：低
- 建议制作方式：意式浓缩和手冲均可
- 口感：圆润

马拉戈吉佩种

- 起源：这一铁比卡种自然突变而形成的品种最早被发现于巴西巴伊亚州的马拉戈日皮地区（Maragogipe）。
- 种植国：危地马拉和巴西
- 植株：叶片、果实和种子都很大。
- 抗病能力：普通
- 产量：低
- 建议制作方式：意式浓缩和手冲均可
- 口感：温和，有果香

肯特种

- 起源：源自印度铁比卡种的特选种。从 20 世纪 30 年代起，印度就开始大量种植该品种。人们还以肯特种为基本种，在肯尼亚培育出了 K7 变种。
- 种植国：印度和坦桑尼亚
- 植株：与铁比卡种类似，但咖啡豆更大。
- 抗病能力：抵抗叶锈病的能力较强。
- 产量：高
- 建议制作方式：意式浓缩
- 口感：微酸，圆润

印度尼西亚

印度尼西亚从 1711 年开始，通过荷兰东印度公司向欧洲出口咖啡。原本印尼只种植阿拉比卡种的各种变种，然而，1876 年时，一场严重的叶锈病让大量咖啡树在采收季到来之前死亡。于是种植者们转而种植罗布斯塔种，因为它可以更为有效地抵御这种因真菌感染而引起的病害。如今，绝大部分印尼咖啡都是罗布斯塔种。印尼群岛上的咖啡，90% 都是由小庄园种植（每户占地 1—2 公顷）。最常种植的品种是铁比卡种、希布里多蒂莫种（在苏门答腊岛上通常被称为 "Tim Tim"）、卡杜拉种和卡帝莫种。

咖啡资讯

▶ 年产量：540000 吨（16.5% 阿拉比卡种，83.5% 罗布斯塔种）

▶ 全球市场份额：6.3%

▶ 全球生产国排名：第 4 名

▶ 主要品种：铁比卡种、希布里多蒂莫种、卡杜拉种、卡帝莫种

▶ 采收期：10 月至次年 5 月（苏拉威西岛）；10 月至次年 3 月（苏门答腊岛）；6 月至 10 月（爪哇岛）

▶ 处理方式：半水洗法（湿刨法）、日晒法、水洗法

▶ 风味特点：

• 苏门答腊岛的咖啡散发着草木香和香料香，醇度佳，酸味极淡。

• 苏拉威西岛的咖啡酸味较淡，质地丰裕，有香料香和草木香。

• 爪哇岛的咖啡风味浓醇，酸味极淡，带有泥土气息。

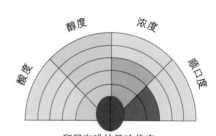

印尼咖啡的风味代表：
苏拉威西（Sulawesi）

印尼每个岛上种植的咖啡都各具特色。

苏门答腊岛是印尼群岛中最大的岛屿。咖啡主要种植在岛的北部（亚齐、林东）和南部（楠榜和芒古查亚），位于海拔 800—1500 米的地带。对咖啡的处理通常采用湿刨法（半水洗法，参见 140 页）。这种方法会使咖啡生豆呈现出独特的淡蓝色。

苏拉威西岛是群岛中盛产阿拉比卡种的岛屿。咖啡主要种植在该岛的西部和西南部，位于海拔 1100—1500 米的地带。其中最著名的种植区是塔纳托拉贾，

这里是全岛海拔最高的地方，也拥有最适宜的种植条件。其他地区还有马马萨、恩雷康（Enrekang）、戈瓦（Gowa）和锡尼亚（Sinjal）。种植最广的阿拉比卡变种，是与铁比卡种的杂交种 S795。虽然最常用的处理方式始终是湿刨法，但水洗法也同样被使用。

大部分**爪哇岛**的咖啡都是罗布斯塔种，它们被大量种植在印尼的低海拔地区，并且由政府进行统一管理（从荷兰殖民时代开始就是如此）。阿拉比卡种咖啡则种植在海拔 1400—1800 米的地带。最常用的处理方式是水洗法。

猫屎咖啡（Le Kopi Luwak）

所谓猫屎咖啡，即从麝猫（印尼语为"Luwak"）的粪便中收集到的咖啡生豆。这种东南亚的哺乳动物会吞食咖啡果，消化掉果肉，再将咖啡豆排出体外。猫屎咖啡的发现可追溯至 18 世纪，那时荷兰人掌管着印尼的咖啡种植，不许当地农民购买咖啡豆，因为那是专供欧洲的珍品。后来人们在麝猫的粪便里发现了咖啡豆，便借此绕开了这条禁令。这款咖啡有着独特的香气（口感更清甜也更馥郁），原因就在于咖啡豆在麝猫的消化过程中进行了发酵。时至今日，猫屎咖啡已经成了代表印尼风味的一款咖啡，它在世界市场上大获成功，让许多咖啡种植者不惜圈养麝猫，给它们喂食咖啡果（通常都没有经过精心挑选），以得到更多产量，满足市场需求。这种做法受到众多质疑，再加上猫屎咖啡价格高昂，使得这款咖啡成了极具争议的产品。

印度

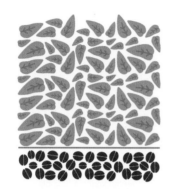

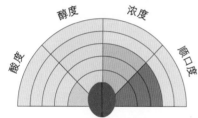

印度咖啡的风味代表：

马拉巴季风咖啡（Malabar Moussonné）

1670 年，一位前往麦加的朝圣者巴巴·布丹（Baba Budan）将咖啡带入印度。在行经也门时，他随身带走了 7 颗咖啡种子，之后将它们成功种植在了印度西部卡纳塔克邦（Karnataka）的强卓吉里（Chandragiri）附近。可直到 19 世纪，因着英国人的缘故，印度的咖啡贸易才得到长足发展。最初种植的主要是阿拉比卡种变种，但因为叶锈病的肆虐，种植者们不得不改种罗布斯塔种或一些杂交品种（阿拉比卡种 × 利比里亚种），甚至还有许多人干脆改行种茶。1942 年，印度政府做出规范咖啡出口的决定，可直到 20 世纪 90 年代才允许咖啡自由贸易。如今，全印度共有约 25 万人种植咖啡，每户种植园的面积基本维持在 4 公顷内。一般说来，阿拉比卡种的变种都种植在海拔 1000—1500 米的地带，周围还种植着各种热带植物（辣椒、小豆蔻、香蕉、香草等），以为咖啡树提供荫蔽。

咖啡资讯

▶ 年产量：331020 吨（27.45% 阿拉比卡种，72.5% 罗布斯塔种）

▶ 全球市场份额：3.9%

▶ 全球生产国排名：第 6 名

▶ 主要品种：莎奇摩种、肯特种、卡帝莫种、S795

▶ 采收期：1 月至 3 月

▶ 处理方式：季风式、半水洗法、水洗法、日晒法

▶ 风味特点：参见 173 页"季风咖啡"

咖啡品种

莎奇摩种

- 起源：杂交（薇拉莎奇种 × 希布里多蒂莫种）
- 种植国：哥斯达黎加、印度
- 抗病能力：因为携带刚果种基因，故可以有效抵御叶锈病。
- 产量：正常（平均 1000 千克 / 公顷）
- 建议制作方式：意式浓缩
- 口感：不算太好

希布里多蒂莫种

- 起源：自然杂交品种（阿拉比卡种 × 刚果种），于 20 世纪 20 年代在帝汶岛被发现。这一变种作为基本种，培育出了其他的杂交品种，如巴西的卡提摩种、莎奇摩种（薇拉莎奇种 × 希布里多蒂莫种），肯尼亚的鲁伊鲁 11 种。
- 种植国：印度尼西亚
- 植株：这一杂交品种与阿拉比卡种的其他变种一样，都有 44 对染色体。
- 抗病能力：强
- 产量：正常（平均 1000 千克 / 公顷）
- 建议制作方式：意式浓缩
- 口感：因为携带罗布斯塔种的基因，所以口感并不好。

卡提摩种

- 起源：在葡萄牙发现的杂交品种（希布里多蒂莫种 × 卡杜拉种）。
- 种植国：中美洲及南美洲诸国
- 植株：咖啡果实大小正常
- 抗病能力：较强，能够适应不同的海拔，尤其是低海拔地区。
- 产量：高
- 建议制作方式：意式浓缩
- 口感：难有定论（源自提摩种，那是阿拉比卡种与刚果种杂交而成）

> **季风咖啡**
>
> 最著名的印度咖啡是马拉巴季风咖啡，独特的香味源自其独一无二的处理方式。在殖民时代，将咖啡生豆从印度运往欧洲需要几个月的时间。在这几个月里，咖啡生豆暴露在大海湿润的空气和无尽的海风中，这让它们不断膨胀早熟，但竟因此被赋予了与众不同的香味。时至今日，为了再现这一独特风味，人们会将咖啡生豆置于通风的仓库里，任由季风湿润的空气将其浸润。生豆因着潮湿而膨胀，失去自然的酸味，变成灰白色。制作好的咖啡有着泥土气息，没有丝毫酸味，醇度极佳。

附录

咖啡馆推荐及咖啡赛事信息

法国的咖啡烘焙工坊

Caffè Cataldi / Hexagone Café
15, rue Gonéry
22540 Louargat
caffe-cataldi.fr
hexagone-cafe.fr

La caféothèque
52, rue de l'Hôtel de Ville
75004 Paris
lacafeotheque.com

Coutume Café
8, rue Martel
75010 Paris
coutumecafe.com

Café Lomi
3ter, rue Marcadet
75018 Paris
cafelomi.com

La brûlerie de Belleville
10, rue Pradier
75019 Paris
cafesbelleville.com

La brûlerie de Melun
4 rue de Boisettes
77000 Melun
cafe-anbassa.com

La fabrique du café
7, place d'Aine
87000 Limoges
lafabriqueducafe.fr

Café Mokxa
9, boulevard Edmond Michelet
69008 Lyon
cafemokxa.com

Café Bun
5, rue des Étuves
34000 Montpellier

L'alchimiste
87, quai des Queyries
33100 Bordeaux
alchimiste-cafes.com

Terres de café
terresdecafe.com

Cafés Lugat
maxicoffee.com

世界范围内的咖啡赛事和展会

世界咖啡大赛（World Coffee Events）
咖啡行业的世界锦标赛（比赛项目设有咖啡师、咖啡种植者、拉花、高品质咖啡、杯测师和烘焙师）
网址：*worldcoffeeevents.org*

米兰会展（HOST Milan）
每两年举办一次

美国精品咖啡协会展（The SCAA Expo）

墨尔本国际咖啡展（Melbourne International Coffee Expo）

世界爱乐压大赛（Championnats d'aeropress nationaux）
在超过 40 个国家举办

伦敦咖啡节（London Coffee Festival）

纽约咖啡节（New York Coffee Festival）

阿姆斯特丹咖啡节（Amsterdam Coffee Festival）

CoLab 咖啡研讨会

网址：*baristaguildofeurope.com/what-is-colab*

知名咖啡馆推荐

巴黎

Hexagone Café
121, rue du Château
75014 Paris

Coutume
47, rue de Babylone
75007 Paris

Dose
73, rue Mouffetard
75005 Paris
82, Place du Dr Félix
Lobligeois
75017 Paris

Fragments
76, rue des Tournelles 75003
Paris

Honor
54, rue du Faubourg-Saint-
Honoré
75008 Paris

Loustic
40, rue Chapon
75003 Paris

Matamata
58, rue d'Argout
75002 Paris

Télescope
5, rue Villedo
75001 Paris

艾克斯（普罗旺斯地区）

Cafeism
20, rue Jacques de la Roque
13100 Aix-en-Provence

Mana Espresso
12, rue des Bernardines
13100 Aix-en-Provence

AMBOISE

Eight o'clock
103, rue Nationale
37400 Amboise

波尔多

Black List
27 place Pey Berland
33000 Bordeaux

La Pelle Café
29 rue Notre Dame
33000 Bordeaux

里昂

La boîte à café
3, rue Abbé Rozier
69001 Lyon

Puzzle Café
4, rue de la Poulaillerie
69002 Lyon

波城

Détours
14 rue Latapie
64000 Pau

斯特拉斯堡

Café Bretelles
2, Rue Fritz
67000 Strasbourg

图尔

Le petit atelier
61 rue Colbert
37000 Tours

伦敦

Association Coffee
10-12 Creechurch Ln
London EC3A 5AY, UK

Prufrock Coffee
23-25 Leather Ln
London EC1N 7TE, UK

Workshop Coffee
27 Clerkenwell Rd, London
EC1M 5RN, UK

都柏林

3fe
32 Grand Canal Street
Lower, Dublin 2, Irlande

Meet Me in the Morning
50 Pleasants Street
Portobello, Dublin 8,
Irlande

哥本哈根

The Coffee Collective
Odthåbsvej 34B
2000 Frederiksberg,
Danemark

奥斯陆

Tim Wendelboe
Grünersgate 1
0552 Oslo, Norvège

Supreme Roastwork
Thorvald Meyers gate 18A
0474 Oslo, Norvège

斯德哥尔摩

Drop Coffee
Wollmar Yxkullsgatan 10
118 50 Stockholm, Suède

佛罗伦萨

Ditta Artigianale
Via dei Neri, 32/R
50122 Florence, Italie

纽约

Everyman Espresso
301W Broadway
New York, NY 10013, États-
Unis

莱克伍德 ／ 丹佛

**Sweet Bloom Coffee
Roasters**
1619 Reed St.
Lakewood CO 80214, États-
Unis

洛杉矶

G&B Coffee
C-19, 317 S Broadway
Los Angeles CA 90013,
États-Unis

西雅图

Espresso Vivace
227 Yale Ave N
Seattle WA 98109, États-
Unis

蒙特利尔

Cafe Myriade
1432 rue Mackay, Montréal
QC H3G 2H7, Canada

东京

Fuglen Tokyo
1-16-11 Tomigaya
Shibuya 151-0063, Japon

墨尔本

St Ali Coffee Roasters
12-18 Yarra Pl
South Melbourne VIC 3205,
Australie

圣保罗（巴西）

Isso é Café
R. Carlos Comenale, s/n -
Bela Vista, São Paulo - SP,
Brésil

咖啡馆里的甜点

在咖啡馆里，咖啡师总会向你推荐甜点，尤其是英式点心，来搭配咖啡。
接下来我们会介绍几款约恩·金（Yohan Kim）推荐的经典甜点。

胡萝卜蛋糕

8—10 份
室温软黄油 75克
细砂糖 200克
鸡蛋 3个
精盐 5克
面粉 300克
发酵粉 25克
肉桂粉 5克
希腊酸奶 150毫升
胡萝卜碎 300克
核桃碎（或榛子碎、杏仁碎）100克

制作方法：
① 将烤箱预热至 180℃。
② 将黄油与细砂糖混合，搅拌均匀。
③ 将盐与鸡蛋搅拌均匀。将面粉、发酵粉和肉桂粉过筛到
   另一只大碗中。
④ 接着依次向黄油与砂糖的混合物中倒入鸡蛋，面粉、发
   酵粉和肉桂粉的混合物，酸奶，胡萝卜碎和核桃碎。
⑤ 将面糊放入蛋糕模具中，放进烤箱烤 35 分钟。
⑥ 待胡萝卜蛋糕冷却，脱模，切成小块。

>建议搭配卡布奇诺

杏仁长蛋糕

可切成 20 份
杏仁粉 150克
细砂糖 100克
面粉 20克
蛋清 200克
黄油 150克

制作方法：
① 将烤箱预热至 180℃。
② 将杏仁粉、砂糖和面粉过筛。
③ 将蛋清与上述材料混合，搅拌均匀。
④ 用微波炉加热黄油，将融化的黄油混合进面糊中，注意要尽可能混合均匀。
⑤ 将面糊放入制作杏仁长蛋糕的模具中，放入烤箱烤 9—10 分钟。
⑥ 待蛋糕冷却后，小心脱模。

>建议搭配意式浓缩

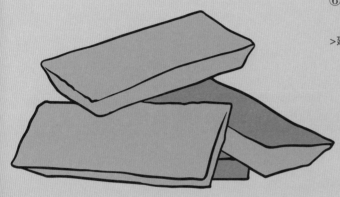

巧克力饼干

----

20 块
细砂糖 120克
鸡蛋 5个
面粉 50克
可可粉 25克
室温黄油 50克
黑巧克力 100克

制作方法：
① 将烤箱预热至 165℃。
② 取一只大碗，将细砂糖混合着鸡蛋打发，直至发白。
③ 将面粉与可可粉一起过筛，将之倒入打发好的鸡蛋中。
④ 将黑巧克力捣碎。依次将黄油和黑巧克力碎倒入上述混合物中。
⑤ 将一小块一小块的混合物置于铺着烘焙纸的烤盘上，摆放整齐，放入烤箱烤 15—20 分钟。
⑥ 待饼干冷却后，小心地将它们从烘焙纸上取下。

>建议搭配意式浓缩或手冲咖啡。

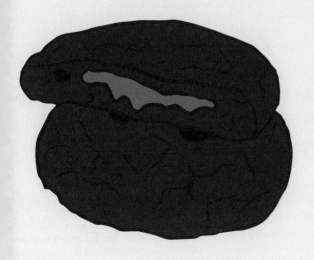

名词索引

章节索引

致 谢

作者们感谢家人的支持。

感谢 Stéphane Cataldi，她对烘焙提出了宝贵的建议；

感谢 Yohan Kim 提供甜点食谱；

感谢 David Lahoz、Brian O'Keeffe 和 Mikaël Portannier。